智能电网信息
安全风险与防范研究

肖 鹏◎著

四川科学技术出版社

图书在版编目（CIP）数据

智能电网信息安全风险与防范研究 / 肖鹏著. --

成都：四川科学技术出版社, 2023.9

　ISBN 978-7-5727-1239-5

　Ⅰ.①智… Ⅱ.①肖… Ⅲ.①智能控制 – 电网 – 信息

安全 – 研究 Ⅳ.①TM76

　中国国家版本馆CIP数据核字(2023)第241670号

智能电网信息安全风险与防范研究

ZHINENG DIANWANG XINXI ANQUAN FENGXIAN YU FANGFAN YANJIU

著　者	肖　鹏
出 品 人	程佳月
责任编辑	王　娇
助理编辑	吴　文
封面设计	中知图印务
责任出版	欧晓春
出版发行	四川科学技术出版社

　　　　　　成都市锦江区三色路238号　邮政编码 610023

　　　　　　官方微博 http://weibo.com/sckjcbs

　　　　　　官方微信公众号 sckjcbs

　　　　　　传真 028-86361756

成品尺寸	170 mm × 240 mm
印　　张	12.5
字　　数	250 千
印　　刷	天津市天玺印务有限公司
版　　次	2024年1月第1版
印　　次	2024年1月第1次印刷
定　　价	58.00元

ISBN 978-7-5727-1239-5

邮　购　成都市锦江区三色路238号新华之星A座25层　邮政编码:610023

电　话　028-86361770

■　版权所有　翻印必究　■

前　言
Preface

　　随着智能电网信息化技术在我国的应用和普及,智能电网的信息化构建步伐逐渐进入高速发展的阶段。智能电网信息化对电网现代化的管理起着辅助作用,应从全局着眼进行智能电网信息化构建,针对管理需求进行精细化发展,在信息化的推进过程中坚持统一与通用相结合、安全与时效相辅助的策略。在信息化建设的规范化和统一化的过程中,信息系统已经对电网事业的建设等诸多业务进行了覆盖。

　　随着智能电网的发展,它不断给人们的生活带来各种便利,因此,不同国家和地区的人们纷纷开展智能电网信息化建设。然而,智能电网中的隐私以及安全问题也逐步暴露出来,成为制约其继续发展的重要因素。智能电网具有可靠性、兼容性、自愈性等特点,它是传统电网的智能化版本。为了实现智能化,在智能电网中引入了大量的新技术,但这些新技术由于缺乏较为成熟的研究,存在较多的安全隐患,从而成为网络攻击者对智能电网进行攻击的突破口之一。

　　本书主要是针对信息化时代智能电网安全的发展现状,探索智能电网信息安全的发展新路径,全面分析了信息时代智能电网的特点、发展方向,介绍了智能电网中的有线通信和无线通信,同时还结合智能电网的信息安全实例对智能电网的信息安全危机、智能电网的防护措施等内容进行全面分析。此外,为解决智能电网信息安全等一系列问题,本书将智能电网信息安全的发展新路径单独进行分析和解读,希望借此能对未来智能电网信息安全防范提供一些新思路。

目 录
CONTENTS

第一章 智能电网概述

第一节 智能电网概念及特点

一、智能电网的概念

智能电网,即电网的智能化,通过采用先进的传感测量、通信网络、自动控制、信息化、新材料等技术对传统电网进行升级改造,使之成为具有高度智能化、信息化、互动化的新一代电网。智能电网能够充分满足用户的电力需求,确保电力供应的安全性、可靠性和经济性,保证电能质量,保护环境,适应电力市场化发展,从而实现为用户提供可靠、经济、清洁、互动的电力供应和增值服务。

智能电网是一个完整的基础设施和体系架构,可以实现对电力客户、电力资产、电力运营的持续监视,通过信息化手段提高电网企业的管理水平、工作效率和服务水平。随着经济社会的发展,电网规模不断扩大,影响电力系统安全运行的不确定因素和潜在风险随之增加,而用户对电力供应的安全性、可靠性以及电能质量的要求越来越高,电网发展所面临的资源和环境压力也越来越大,发展智能电网已成为全社会的共识。

在智能电网概念的界定上,当前学术界尚无明确的定义。根据国家电网中国电力科学研究院给出的定义,智能电网是以物理电网为基础,将先进的配套技术(包括计算机技术、通信技术、传感测量技术与控制技术等)与物理电网高度集成而形成的一种新型电网。通俗地讲,智能电网是一个完全自动化的供电网络,其中的每个用户与节点都可得到实时监控,并借助相关技术提供的支撑作用,保证自电厂到用户端之间各个节点的信息、电流的双向流动。我国的智能电网,以特高压电网为骨干网架,以各电压等级电网协调发展的坚强电网为基础,借助广泛的应用式智能与宽带通信,集成的自动控制系统,保证电网上各个成员的实时互动与无缝连接。

二、电网面临的挑战

当今社会经济发展迅速,人们对于电力的需求不断增加,电力服务呈现多元化现象。传统电网在进行电力传输时,单向地对需求方进行传输,而需求方的电力消耗数据还需通过人工抄表的方式来进行反馈。需求方对于电力服务等的要求难以反馈给电力公司,同时,电力公司也无法正确地进行电力调控,传统电网已经难以满足现今社会的要求。随之产生的智能电网无论是在安全传输、交互反馈还是在社会职能等方面都具有明显的优势,带来了巨大的社会经济效益,已经成为电网建设的主流。在智能电网中多种智能终端设备和智能电表已普遍应用,通过实时地对用户及用户所处区域消耗的电力数据进行采集,使得电网公司能够掌握整个系统的运作情况并对其进行分析及安全保护等。但是,与传统电网相比,智能电网遭到破坏后,不仅会造成经济和信息的损失,而且还会威胁到人身与社会安全。智能电网中数据的安全与隐私保护成为电网智能化发展过程中的重要课题。智能电网中分布很多的远程终端设备,这些设备的计算和通信能力较弱,而现有的安全方案中的计算开销和通信开销都较大,难以满足需求,无法应用于智能电网。因此,将智能电网中的通信需求和设备特点结合起来,提出智能电网数据的安全与隐私保护方案是十分必要的。

随着生活用电的激增和工业化的不断发展,传统电网出现了很多缺陷和不足,这对电网发展是一个巨大的挑战。因此,为了解决电力分配,以及能源供应的稳定性、安全性和电网维护等方面的问题,智能电网应运而生。智能电网是一个装配了各种电力监测设备和控制器的电力网络。作为下一代电力网络,智能电网的目标是为用户提供更加稳定、可靠的电能。通过配备双向通信网络、传感器、智能电表等设备与技术,电力供应公司可以通过智能电网实时分析当前的用电情况,及时进行电力生产、调控、维护等。然而,智能电网在给人们带来便利服务的同时,也面临严峻的安全问题。与传统电网相比,智能电网由于其物理特性,一旦发生安全问题,其危害巨大。

近年来,世界能源发展格局发生了深刻变化,以电力为中心的新一轮能源革命的序幕已经拉开。人们开始重新审视电网的功能定位,除电力输送等传统功能之外,电网更是资源优化配置的载体,是现代综合运输体系和网络经济的重要组成部分,电网的发展也因此面临前所未有的机遇与挑战。

(一)环境和能源

目前,能源供应主要依赖化石能源。一方面,化石能源是不可再生能源,终将由于不断地消耗而逐渐枯竭;另一方面,化石能源的大量开发利用,造成了环境污染和大量温室气体排放。

世界经济的发展、人口的增加以及城市化进程的加速,导致全球能源需求总量迅猛增加。由能源消耗所产生的环境问题日趋突出,引发了国际社会对能源安全和生态安全的普遍担忧。

提高能源利用效率,发展清洁能源,优化调整能源消费结构,降低对化石能源的依赖程度,已成为世界各国解决能源安全和环保问题、应对全球气候变化的共同选择。将清洁能源转化为电能,是开发利用清洁能源的最主要途径。适应清洁能源开发、输送和消纳的发展需求,提高电网的安全可靠性、灵活适应性和资源优化配置能力,已成为当今电网面临的紧迫任务。

(二)安全可靠与经济高效

能源结构的优化调整和清洁能源的发展使电能在终端能源消费中所占比例日益提高,从而使经济社会发展对电能的依赖程度日益增强。电网规模的日益扩大,一方面有利于提高资源优化配置能力,有利于大规模可再生能源的接入和传输;另一方面,电网运行与控制的复杂程度越来越高,发生大面积停电的风险也日益加大,对实现电能的安全传输和可靠供应提出重大挑战,电网的坚强可靠成为普遍关注的焦点。

促进电力清洁生产,降低电力输送损耗,全面优化电力生产、输送和消费全过程,成为电网发展的必然选择。经济高效的电网必将极大地推动低碳电力、低碳能源乃至低碳经济的发展。

(三)电网开放与优质服务

分布式发电及电动汽车的快速发展和广泛使用,对于利用可再生能源,减少化石能源消耗,以及实现能源梯级利用和提高能效具有十分重要的意义。同时,电力用户的身份定位也悄然转变,从单纯的电力消费者转变为既是电力消费者,又是电力生产者。

市场化改革的深入和用户身份的重新定位,使电力流和信息流由传统的单向流动模式向双向互动模式转变。信息的透明共享,电网的无歧视开放既体现了对价值服务的认同,同时也成为电网无法回避的挑战。

电网的透明开放为电网自身的运营发展提供了巨大的机遇,用户积极、广泛地参与对于电网优化资产效能、提高安全水平、降低运营成本具有重要意义,使电网构建新型商业模式、提供电力增值服务以及拓展战略发展空间成为可能,但同时也对电网友好兼容各类电源和用户接入,提供高效优质服务提出了更高的要求。

(四)技术创新与高效管理

当前,新一轮世界能源革命的序幕已经拉开,其目标就是实现以智能电网为核心的低碳能源。推动技术创新,实现高效管理,已经成为电网迎接发展与挑战的必然选择。

在科技发展日新月异的今天,将先进技术与传统电力技术有机高效地融合,实现技术转型,全面提高资源优化配置能力,保障安全、优质和可靠的电力供应,提供灵活、高效和便捷的优质服务,是新形势下电网面临的新课题。

同时,电网的形态和功能定位正在发生深刻变化,电网发展任务更加繁重,亟须推进电网体制机制创新,转变发展模式,优化业务布局,提高运营效率,实现管理转型,以适应生产力发展对生产关系变革提出的客观要求。

三、智能电网的理念

智能电网是将先进的传感测量技术、信息通信技术、分析决策技术和自动控制技术与能源电力技术以及电网基础设施高度集成而形成的新型现代化电网。智能电网的智能化主要体现在:可观测——采用先进的传感测量技术,实现对电网的准确感知;可控制——可对观测对象进行有效控制;实时分析和决策——实现从数据、信息到智能化决策的提升;自适应和自愈——实现自动优化调整和故障自我恢复。

传统电网是一个刚性系统,电源的接入与退出、电能量的传输等都缺乏弹性,使电网动态柔性及重组性较差;垂直的多级控制机制反应迟缓,无法构建实时、可配置和可重组的系统,自愈及自恢复能力完全依赖于物理冗余;对用户的服务简单,信息单向;系统内部存在多个信息孤岛,缺乏信息共享,相互割裂和孤立的各类自动化系统不能构成实时的有机统一整体。这些因素导致整个传统电网的智能化程度较低。

与传统电网相比,智能电网将进一步优化各级电网控制,构建结构扁平化、功能模块化、系统组态化的柔性体系架构,通过集中与分散相结合的模式,灵活变换网络结构、智能重组系统架构、优化配置系统效能、提升电网服务质量,实现与传统电网截然不同的电网运营理念和体系。

智能电网将实现对电网全景信息(指完整、准确、具有精确时间断面、标准化的电力流信息和业务流信息等)的获取,以坚强、可靠的物理电网和信息交互平台为基础,整合各种实时生产和运营信息,通过加强对电网业务流的动态分析、诊断和优化,为电网运行和管理人员展示全面、完整和精细的电网运营状态图,同时能够提供相应的辅助决策支持、控制实施方案和应对预案。

一般认为,智能电网的特征主要有坚强、经济、集成等。

(一)坚强

在电网发生大扰动和故障时,仍能保持对用户的供电能力,而不发生大面积停电事故;在自然灾害、极端气候条件下或外力破坏下仍能保证电网的安全运行;具有确保电力信息安全的能力。

(二)经济

支持电力市场运营和电力交易的有效开展,实现资源的优化配置,降低损耗,提高能源利用效率。

(三)集成

实现电网信息的高度集成和共享,采用统一的平台和模型,实现标准化、规范化和精益化管理。

四、智能电网的特点

同传统电网的性能有所不同,智能电网能够做好电网运行数据的实时监控和分析工作,可以自动判断电网运行故障和做出一些故障预警。在电网运行出现故障时,智能电网的坚强特性能够让其在短暂的时间内迅速做出补救措施,将故障断开,凭借独特的性能实现电网的恢复,这种情况下将会减少大范围停电故障的概率,尽可能营造较为稳定的用电环境。

智能电网中电路数据的集成,能够使得电网系统更加规范化、统一化,有利于提高电网行业的工作效率。此外,智能电网在兼容上有着较高的效率,能够有效利用新能源发电。智能电网还有着经济化性能和人性化的服务模式,这些特性将会使得智能电网被社会上更多的用户所接受。

由于高度融合了现代化信息和通信技术,与传统电网相比,智能电网通过集中和分散两种变换方法,灵活重组电网结构,最优配置电网资源,优化电网服务质量,实现了和传统电网截然不同的电网理念和体系。

综合来说,智能电网主要具有以下特点。

（一）互动性

在智能电网中,用户将是电力系统不可分割的一部分。鼓励和促进用户参与电力系统的运行和管理是智能电网的另一重要特征。从智能电网的角度来看,用户的需求完全是另一种可管理的资源,它将有助于平衡供求关系,确保系统的可靠性。从用户的角度来看,电力消费是一种经济的选择,通过参与电网的运行和管理,改变其使用和购买电力的方式,从而获得实实在在的好处。在智能电网中,用户将根据其电力需求和电力系统满足其需求的能力来调整其消费。同时需求侧响应(demand response,DR)计划将满足用户在能源购买中更多选择的基本需求,减少或转移高峰电力需求的能力,通过降低线损和减少效率低下的调峰电厂的运营,使电力公司尽量减少资本开支和营运开支,同时也有利于环境的改善。在智能电网中,和用户建立的双向实时的通信系统是实现鼓励和促进用户积极参与电力系统运行和管理的基础。实时通知用户其电力消费的成本、实时电价、电网的状况、计划停电信息以及其他一些服务的信息,同时用户也可以根据这些信息制定自己的电力使用方案。

（二）兼容性

智能电网将安全无缝地容许各种不同类型的发电和储能系统接入系统,简化联网的过程,类似于"即插即用",这一特征对电网提出了严峻的挑战。改进的互联标准将使各种各样的发电和储能系统容易接入。从小到大各种不同容量的发电和储能在所有的电压等级上都可以互联,包括分布式电源,如光伏发电、风电、先进的电池系统、插电式混合动力汽车和燃料电池。商业用户安装自己的发电设备(包括高效热电联产装置)和电力储能设施将更加容易和更加有利可图。在智能电网中,大型集中式发电厂包括环境友好型电源,如风电厂、大型太阳能电厂和先进的核电厂将继续发挥重要的作用。加强输电系统的建设,使这些大型电厂仍然能够远距离输送电力。同时各种各样的分布式电源的接入,一方面减少了对外来能源的依赖;另一方面提高了供电可靠性和电能质量,特别是对应对战争和恐怖袭击具有重要的意义。

(三)优化性

智能电网通过高速通信网络实现对运行设备的在线状态监测,以获取设备的运行状态,在最恰当的时间给出需要维修设备的信号,实现设备的状态检修,同时使设备保持在最佳状态。系统的控制装置可以被调整到降低损耗和消除阻塞的状态。通过对系统控制装置的这些调整,选择最小成本的能源输送系统,提高运行的效率。最佳的容量、最佳的状态和最佳的运行将大大降低电网运行的费用。此外,先进的信息技术将提供大量的数据和资料,并将其集成到现有的企业范围的系统中,大大加强其能力,以优化运行和维修过程。这些信息将为设计人员提供更好的参照,以创造出最佳的设计来:为规划人员提供所需的数据,从而提高其电网规划的能力和水平。这样,运行和维护费用以及电网建设投资将得到更为有效的管理。

(四)自愈性

"自愈"指的是把电网中有问题的元件从系统中隔离出来并且在很少或不用人为干预的情况下可以使系统迅速恢复到正常运行状态,从而几乎不中断对用户的供电服务。从本质上讲,自愈就是智能电网的"免疫系统",这是智能电网最重要的特征。自愈性能够让电网系统进行连续不断的在线自我评估以预测电网可能出现的问题,发现已经存在的或正在发生的问题,并立即采取措施加以控制或纠正,确保电网的可靠性、安全性以及电能质量和效率。自愈电网将尽量减少供电服务中断,充分应用数据获取技术,执行决策支持算法,避免或限制电力供应的中断,迅速恢复供电服务。基于实时测量的概率风险评估确定最有可能失败的设备、发电厂和线路,实时应急分析确定电网整体的健康水平,触发可能导致电网故障发展的早期预警,确定是否需要立即进行检查或采取相应的措施;本地及远程设备的通信将帮助分析故障、电压降低、电能质量差、过载和其他不希望的系统状态,基于这些分析,采取适当的控制行动。自愈电网经常应用连接多个电源的网络设计方式,当出现故障或发生其他问题时,在电网设备中的先进传感器确定故障并和附近的设备进行通信,以切除故障元件或将用户迅速地切换到另外的可靠电源上,同时传感器还有检测故障前兆的能力,在故障实际发生前,将设备状况告知系统,系统就会及时地发出预警信息。

(五)可靠性

电网的安全性要求一个降低对电网物理攻击和网络攻击并快速从供电中断中恢复的全系统的解决方案。智能电网将展示被攻击后快速恢复的能力,甚至是应那些决心坚定和装备精良的黑客发起的网络攻击后,也可以很快恢复。智能电网的设计和运行都将阻止攻击,最大限度地降低其后果并快速恢复供电服务。智能电网也能同时承受对电力系统的几个部分的攻击和在一段时间内多重协调的攻击。智能电网的安全策略将包含威慑、预防、检测、反应,以尽量减少和减轻对电网和经济发展的影响。不管是物理攻击还是网络攻击,要通过加强电力企业与政府之间重大威胁信息的密切沟通,在电网规划中强调安全风险,加强网络安全手段,提高智能电网抵御风险的能力。

第二节 智能电网条件下的用电服务

一、智能电网下用电服务面临的挑战

按照能源发展战略的调整和发展低碳经济的要求,我国正在加快建设资源节约型、环境友好型社会,电能等绿色能源的使用比重将不断加大,用电服务面临的内外部环境发生了显著变化,因此传统用电服务模式将面临较大影响和挑战,用电服务将遇到许多新情况、新问题和新要求。

智能电网是能源和信息相互融合带来的重大技术变革,将对传统的用电服务产生深刻的影响。例如,传统的柜台人工服务方式将会被网络或终端自助服务方式所取代。随着社会的发展,人们对个性化、多样化的服务需求将大大增加,更多增值服务将会出现。智能电网改变了原有的用电服务形态,扩展了用电服务内容,增加了新的服务领域,同时,用户对服务的

需求也发生了很大的变化。

(一)提升了常规用电服务水平

原有的信息查询、故障报修、业扩报装、费用结算等业务基本上是在供电营业厅完成的。随着用电信息采集、营销业务应用和互动服务网站等信息化系统的运行,很多原先需要柜台办理、办公室审核的业务现在可以通过网站、手机、自助终端来进行,缴费业务也可以通过银行等第三方机构来结算。

(二)增加了智能用电服务

智能电网产生了新的用电形式,相应地带来了新的服务内容。例如,分布式电源接入、储能、电动汽车充放电、需求响应、能效管理、电能质量监测等。这些新型用电形式对现有常规用电服务的管理模式和业务流程提出了挑战,需要在智能电网条件下以创新的思维为用户提供更丰富的智能用电服务。

(三)开拓了第三方服务

第三方服务提供商可以通过智能用电服务平台开展包括社区物业、广告投放、安防报警、健康监护、医疗护理、公用事业缴费、网络购物、三网融合等增值服务。这样,电网公司就承担了更大的社会责任,也拓展了新的发展空间。

二、智能电网用电服务体系架构

所谓智能电网用电服务体系,就是以坚强智能电网为坚实基础,以智能用电服务组织管理及标准和智能用电服务关键技术及装备为支撑,以通信与安全保障体系为可靠保证,以智能用电信息共享平台为信息交换途径,通过智能用电服务技术支持平台和智能用电服务互动平台,为电力用户提供智能化、多样化的用电服务,实现与电力用户之间能量流、信息流、业务流的友好互动,提升用户服务的质量和水平。

智能电网用电服务体系的核心内容包括智能用电服务互动平台、智能用电服务技术支持平台、智能用电信息共享平台、通信与安全保障体系等;智能用电服务的支撑体系包括组织管理及标准、关键技术及装备等。

三、技术支持平台

智能用电服务技术支持平台主要由八个子系统构成。其中,用电信息采集系统和用户用能服务系统是基础应用系统,负责智能用电服务相关信息的采集与监控;智能测量管理系统、分布式电源管理系统、充放电与储能管理系统是专业应用系统,实现智能用电服务不同领域的专业管理;营销业务管理系统是智能用电的综合业务应用系统,是技术支持平台的核心系统,实现智能化的营销业务管理与综合应用;辅助分析与决策系统是高级应用系统,为决策层提供分析和决策服务;用电地理信息系统是智能用电地理图形服务系统,为其他系统提供可视化的智能用电图形服务。智能用电服务技术支持平台中,各子系统之间存在大量信息与业务交互。

四、用电信息采集系统的定位和作用

用电信息采集系统是对用户的用电信息进行实时采集、处理和监控的系统,可以实现电力用户的全覆盖和用电信息的全采集,全面支持费控管理,是智能电网用电环节的重要基础和用户用电信息的重要来源,也为智能用电服务技术支持平台提供基础用电信息数据。在坚强智能电网建设过程中,如何构建智能化电网时代要求的用电信息采集系统,改进和完善现有信息化体系,支撑智能电网信息化服务平台是当前必须面对的问题和挑战。

(一)系统定位

用电信息采集系统可以为市场管理、95598互动服务平台、营销稽查监控、抄表、计量管理、电费收缴、有序用电、营销业务应用和辅助决策提供负荷、用电异常、用电量、计量异常、运行信息等数据。

1.在信息系统中的定位

基于电网公司各层面、各专业的应用需求,用电信息采集系统全面建成后,作为信息系统的组成部分,将为公司数据中心提供强大的数据支撑,不仅可以满足现阶段各方面的应用需求,还具有较强的适应性和扩展性,可以满足未来技术进步、管理提升和形势发展的需要。

用电信息采集系统既可以通过中间数据库等方式为营销业务应用和营销稽查监控等信息系统提供数据支撑,也可独立运行,完成采集点设置、数据采集管理、有序用电、预付费管理、档案管理、电能损耗分析等功能。

用电信息采集系统从功能上完全覆盖营销业务应用中用电信息采集业务所需要的相关功能,包括基本应用、高级应用、运行管理、统计查询、系统管理等,也为营销业务应用中的其他业务提供用电信息数据源和用电业务支撑;同时,还可以提供营销业务应用之外的综合应用分析功能,例如,配电业务管理、电量统计、决策分析、增值服务等,并为其他专业系统如生产管理等提供基础数据。

2.在智能用电服务系统中的定位

用电信息采集系统是智能用电服务系统技术支持平台的重要组成部分,为智能用电的其他服务系统的业务提供数据支撑。

(二)系统作用

用电信息采集系统是智能用电服务体系中的基础应用系统,该系统在营销业务应用、双向互动服务、分布式电源和储能的接入、用户异常用电状况监视、电费管理和回收等方面发挥主要作用。第一,用电信息采集系统的一体化应用平台能支持多种通信信道和终端类型,有效整合专用变压器、公用配电变压器、低压集抄的用电信息,在同一个平台上完整地实现采集、监控和业务应用等功能,有效提高电能计量、自动抄表、预付费等营销自动化程度,提高营销管理整体水平;同时,用电信息采集系统还能够为信息系统提供及时、完整、准确的数据支撑,满足智能电网自动化、信息化和互动化的要求。第二,用电信息采集系统为智能用电服务体系技术支持平台的基础应用提供数据,满足了电网与用户的互动需求,使用户随时可以了解电网信息,可以为用户提供灵活定制、多种选择、高效便捷的服务,不断提高服务能力,满足智能社区、智能家居等增值服务需求,提升客户满意度。第三,用电信息采集系统支持用户侧分布式电源和储能的接入,通过接入终端来采集数据,为分布式电源接入管理、储能接入管理和用户用能服务提供基础数据,这对于提高终端清洁能源的利用效率,促进节能减排,建设资源节约型和环境友好型社会具有重要意义。第四,用电信息采集系统配合专用传感器,可实时监视用户异常用电状况,及时发现损坏的计量设备,准确跟踪和定位窃电嫌疑用户,所记录的各种用电数据和曲线,为查处用户窃电提供了有利证据,是反窃电工作最有效的技术手段。第五,用电信息采集系统可以与营销业务应用系统无缝连接,实现用户档案、计量数据、用电信息的共享,协调完成对营销计量、抄核收、用电检查、需求侧管理等业务流程的技术支持。第六,用电信息采集系统的"全费控"功能有利于促进预付费的推广,有效管理电费的回收,减少欠缴等长期制约电网效益的问题,增加电网公司经济效益。第七,用电信息采集系统可以配合国家实施的峰谷电价、阶梯电价等电费政策,平衡电力供需矛盾,更有效地调整地区负荷,延缓电厂建设投资,保证电网安全运行,实现有序用电。

五、用电信息采集系统的发展趋势

用电信息采集系统是供电部门为满足营销业务、营销管理和智能用电服务需求而建立的自动化采集系统,随着电网逐步推行大集中管理模式和智能电网建设的深入推进,分布式电源逐步接入、大中城市电动汽车的充放电业务开展、远程缴费模式下的需求相应、有序用电业务的深化应用等业务需求,原有的传统、被动、分散的技术标准、管理应用模式已无法满足智能电网要求。笔者从用电信息系统入手,在优化提升应用效果,适应智能电网发展需求层面上,着重在用电信息采集系统设备和未来业务需求两方面进行分析。

(一)采集系统设备

主要对关键技术设备,如智能电能表、采集终端、系统安全加密技术、采集系统主站等领域的未来发展趋势进行探讨。

1.智能电能表

智能电能表是智能电网的终端用户计量设备,目前广泛使用的电子式智能表硬件上采用大规模集成电路,显示器件为LCD(Liquid Crystal Display,液晶显示器),通信接口为RS-485或红外接口,在以后的发展趋势上除在硬件平台选择和产品设计上注重运行速度、存储空间、功耗低等因素外,还要在满足集成细化多功能计量、自动采集、预付费、阶梯电价等功能的基础上,同时考虑电表的智能化功能,如:

①支持分布式能源用户的接入,具备有功电能和无功电能双向计量。

②具备阶梯电价和预付费功能,客户欠费时可以远程进行断电。

③可以实时对电网运行情况、电压合格率和运行环境温度等进行监控。

④可以对同计量装置的异常用电状况进行在线分析,并可以进行远程故障处理。

⑤智能电能表还具有安全加密模块,保证了智能电能表数据传输的安全性。

2.采集终端

用电信息采集终端目前主要分厂站终端、专变终端、配变监测终端、低压集中器等类型,用于关口计量点的数据采集、配电变压器的在线监测、小型商业和居民用户的用电信息采集等。随着智能电网的进一步发展,用电信息采集终端应具备用户异常用电状态监测、客户电源接入监控、电动汽车及储能管理等功能,未来的采集系统终端也将逐步增加异常信息监测终端、分布式电源接入终端等新型采集终端。

异常信息监测终端是专用变压器用户的用电状态监测装置,该装置采集用户一次侧电流信号,通过用户入户功率与电能表功率的实时对比,并把比对的异常告警信息上传到用电信息采集系统主站,实现对用户用电异常状态的时间监测和报警,为降低电能损耗,精确定位异常用电位置,查处窃电、漏电等事件提供了必要的现场记录和高效的技术手段。分布式能源终端要满足电网削峰填谷要求和安全接入要求,还要满足用户自身的要求,分布式能源接入终端是电网公司管理分布式能源接入和用户参与电网互动的基础设施。电动汽车管理终端主要满足电动汽车充电运行状态的监控和管理需求,实现充电数据采集、电能计量、电池状态监测、行驶距离提示、充电方案优化、网络远程监控等功能,是供电公司对电动汽车充电实现避峰管理的重要手段,使客户方便了解自身汽车充电运行情况。储能接入终端主要满足电力负荷低谷储存、高峰释放,实现移峰填谷及风力发电等清洁能源的接入要求,改善电能质量的功效,提高设备利用率。

3.系统安全加密技术

随着智能电网运作模式下用电信息采集数据量呈几何级数增长,采集系统的安全性也日益重要,因此采集系统应综合国际上推行的对称密码算法和非对称密码算法的特点,在未来采集系统中逐步采用对称密码算法和非对称密码算法相结合的混合密码算法。对称密码算法是指加密和解密均采用统一密钥,而且通信双方都必须获得并保存该密钥,其特点是对数据加密速度比较快;非对称密码算法采用不同的加密密钥和解密密钥,密钥(公钥和私钥)成对产生,算法安全性高、抗攻击能力强。

4.采集系统主站

用电信息采集系统的主站承担着整个用电信息采集业务的数据传输、数据处理和数据应用以及系统的运行管理和安全,与营销MIS业务应用系统保持互通,还支撑智能用电服务功能。建设统一的用电信息采集主站平台是必然的选择,要支持多通道多规约通信,需要使用统一的采集接口和通信接口。考虑到未来所采集的数据将呈几何级数增长,用电信息采集系统的主站软件应重点考虑大集中模式下的三个关键技术:

①建立平稳高效率的采集监控系统,采用一体化通信技术管理各类通信协议和计量终端,解决大规模终端采集与实时存储瓶颈,使其在规定时间内完成数据采集和存储。

②建立实时数据信息库,建立统一的数据模型,并与营销档案同步更新,运用数据加速器,智能甄别处理模型、模型适配器等技术来提升数据综合管理能力,采用数据归档管理、备份恢复管理等机制来保障数据的安全。

③打造数据可视化展示,采用饼图、曲线图、雷达图、柱形图等多种图表进行可视化展示,对电网线路图、关口、台区、重要用户等进行仿真可视化监控,对计量点、采集点等重要采集接点进行可视化展示和操作。

(二)采集系统的未来业务需求

1.分布式电源管理需求

分布式电源管理是智能电网用电环节面临的新型业务需求,而用电信息采集系统将是对分布式电源实施有效管理的重要技术手段。利用用电信息采集系统可以实现对分布式电源的灵活接入、实时监测和柔性控制,分布式电源并网实时监控、分布式电源潮流分析与负荷预测、故障保护管理、系统设备运行管理、发电信息综合分析、发电能力预测、客户档案管理等功能。

2.用户服务需求

未来用户服务将通过智能交互终端对用户的用能信息进行采集与监控,并为用户提供多样化服务,实现智能用电增值服务,同时接受95598门户等交互渠道的信息,为用户提供用电信息和策略查询服务;对智能用电设备进行监控,将监控信息按需求反馈给用户,为家庭生活提供舒适安全、高效节能、具备人性化的生活空间。

3.充放电与储能管理需求

电动汽车充放电、储能等技术的广泛应用,对用电信息采集系统提出了新的业务要求,未来发展将以用电信息采集系统提供的数据为依托,通过制定有效的充放电方案,协调平衡电动汽车的有序充电,发挥储能装置改善电能质量的功效,提高设备利用率。实现充放电与储能需求预测、充放电与储能接入管理、有序充放电优化方案管理、柔性充放电管理、故障保护管理、充放电与储能设备运行管理、充放电与储能信息综合分析、客户档案管理、客户充放电记录等功能。

4.远程预付费管理需求

按照用电信息采集系统"全覆盖、全采集、全费控"的要求,远程预付费管理将是智能电网用电环节面临的新的业务要求。通过远程预付费平台,用户可通过多种方式如营业厅、银行、网络、微信、终端等完成购电,用户可通过网络、电话、微信、电子邮件等多种方式实时查询自己的用电信息,既满足现代社会客户的快速需求,又推动了电费的收缴,加快了资金周转。

5.抄表管理业务需求

用电信息采集系统除完整、准确、自动地实现对电能表数据的采集外,未来还要提高抄表的实时性,实现抄、核、收全过程的自动化和全闭环管理,减少在抄表环节与客户发生纠纷的风险,进一步推进计量、抄表、结算业务标准化建设和业务规范化。

6.用电检查业务需求

用电信息采集系统在自动采集和统计电能信息后,可以自动分析用户的用电异常变化,实时监测电能表、计量回路、变压器设备的运行工况和供电质量信息,监控人员通过系统存储的历史信息对窃电嫌疑用户进行统计分析,为电费的追缴提供科学的依据。

7.有序用电业务需求

有序用电业务是科学用电和节约用电的有效手段,通过用电信息采集系统对用户负荷的自动采集,可使监控人员能够及时了解每个用户的电力供需情况,准确掌握实时供需状况,通过合理的预测,将被动用电变为主动有序控制。对用电信息采集系统采集的数据分析,科学合理地分解负荷、电量指标,提高管控水平。

8.市场管理业务需求

市场管理业务现在主要承担着对电力市场的供需平衡及用电负荷特性分析,进行市场预测、市场开拓、地方电厂并网管理工作,未来通过用电信息采集系统的建设,可以获取线路、配电变压器、客户等实时负荷性数据,及时、完整、准确地掌握全社会各层面的用电数据,从而完成对产业、行业、用电的分类统计,细化市场分析的类型,为开拓增量市场、培育潜力市场制定更为切实可行的策略和措施。

第三节 智能电网发展现状

一、智能电网的发展

作为电网发展的趋势,智能电网在国内外受到了极大的关注。在国家电网的运行中,电网公司率先提出以特高压电网为骨干网架、各级电网协调发展的坚强电网为基础,再利用先进的通信、信息和控制技术,构建了以信息化、自动化、数字化为特征的智能电网,在自主创新方面有了更大的提高。

提及智能电网的发展,2006年,由美国IBM公司提出的"智能电网"解决方案是智能电网的发展拉开序幕的重要标志之一。随后,世界各国纷纷结合自身的基本国情与电网建设现状,提出了侧重点不同、目标不同的智能电网建设方案。但即便如此,智能电网的兼容、自愈、交互、集成、优质等特征仍然是各个国家践行"智能电网"解决方案时关注的焦点。智能电网建设的逐步推进,也在较大程度上改进了以往电力系统运行过程中存在的某些问题。结合我国的基本国情分析,坚持智能电网的发展,能够促进电力能源的优化配置,保障整个电力网络的稳定、安全运行,并较好地实现多元开放电力服务目标。回顾我国智能电网的发展,大致可以分为如下三个阶段:

①规划试点(2009—2010年),着手进行坚强智能电网发展的规划与技术标准、管理规范的制定工作,对其中的关键技术、关键设备进行了研究与开发,并进行了各个环节的试点工作。

②全面建设(2011—2015年),加快城乡配电网、特高压电网的建设,智能电网相关服务体系与控制体系初步形成,关键技术与关键装备等方面均获得了较大的突破。

③引领提升(2016—2020年),坚强智能电网基本建成,以电网资源的优化配置为核心,着力提升用户的互动性、智能电网的运行效率与安全性。

二、国外智能电网发展现状——以美国为例

在国外的智能电网发展过程中,信息化的建设经历了从分散到集中的建设过程,采用了科学的技术才走到现今的发展高度。通过数据中心对信息系统进行有效的整合,构建了包括信息网络、数据交换、数据中心、应用以及企业门户一体化的平台,为各类其他业务的应用提供了强有力的支撑。但是值得关注的是,国外电力公司在信息化发展的过程中特别重视信息网络化等基础的建设。在国外一些发达国家中,电力公司一般都有属于自己的强大的专有信息网络,借助于信息网络的资源可以进行共享。在许多发达国家中,电力公司也在经营IP网络的接入服务。

美国的智能电网又称统一智能电网,是指将基于分散的智能电网结合成全国性的网络体系。这个体系主要包括:通过统一智能电网实现美国电力网格的智能化,解决分布式能源体系的需要,以长短途、高低压的智能网络连接客户电源;在保护环境和生态系统的前提下,营建新的输电电网,实现可再生能源的优化输配,提高电网的可靠性和清洁性。这个系统可以平衡整合类似美国亚利桑那州的太阳能发电和俄亥俄州的工业用电等跨州用电的需求,实现全国范围内的电力优化调度、监测和控制,从而实现美国整体的电力需求管理,实现美国跨区的可再生能源提供的平衡。

这个体系的另一个核心是解决太阳能、氢能、水电能和车辆电能的存储,它可以帮助用户出售多余电力,包括解决电池系统向电网回售富余电能。实际上,这个体系就是以美国的可再生能源为基础,实现发电、输电、配电和用电体系的优化管理,而且这个体系也考虑了与加拿大、墨西哥等地电力公司的合作。美国全国范围内有3个交流输电网,由于投入不足、技术陈旧,美国在智能电网建设中更加关注电力网络基础架构的升级更新,以提高电网运行水平和供电可靠性,同时最大限度利用信息技术,实现系统智能对人工的替代。美国发展智能电网的重点在配电和用电侧,注重推动可再生能源发展,注重商业模式的创新和用户服务的提升。

美国智能电网五大基本技术包括:第一,综合通信及连接技术,实现电网的实时控制及信息更新,使电网的每个部分既能"说"又能"听";第二,传感及计量技术,支持更快更精确的信息反馈,实现用电侧遥控、实时计价管理;第三,先进零部件制造技术,产品用于超导、电力储存、电网诊断等方面的最新研究;第四,先进的控制技术,用于监控电网必要零部件,实现突发事件的快速诊断及快速修复;第五,接口改进技术,支持更强大的人为决策功能,让电网运营商和管理商更具远见性和前瞻性。

三、国内智能电网现状

(一)国内智能电网发展历程

国内开展智能电网的体系性研究虽然稍晚,但在智能电网相关技术领域开展了大量的研究和实践。在输电领域,多项研究应用达到国际先进水平;在配用电领域,智能化应用研究也正在积极探索。我国的智能电网与西方国家有所不同,是建立在特高压建设基础上的坚强智能电网。中国式智能电网以特高压电网为主干网架,利用先进的通信信息和控制技术,构建以信息化、数字化、自动化、互动化为特征的自主创新、国际领先的智能电网,其特征将包括在技术上实现信息化、数字化、自动化和互动化,同时在管理上实现集团化、集约化、精益化、标准化。

以国家电网公司为代表的电力信息化主要是经历了三个主要的发展阶段:在第一个阶段中,是以调度生产自动化和各自独立的管理信息系统为重点的起步阶段;在第二个阶段中,是以企业信息化为核心的快速发展阶段;在第三个阶段中,国家电网公司以构建一体化提升了企业的整体信息化水平。随着工程的完成和建设的全面推进,信息系统已经在发挥着越来越重要的作用,并已经成为国家电网公司日常工作的基础手段。在大力推进信息化建设的同时,还要确保信息系统的稳定运行。国家电网在健全信息安全管理和技术措施上,也是实现了生产控制和管理信息大区的安全隔离,初步形成了信息系统等级保护深入的防御体系,基本建立了信息化标准规范的体系。

近年来,随着智能电网的发展,电网智能化投资的比重逐步提升:

第一阶段(2009—2010年):规划试点阶段,电网总投资为5 510亿元,智能化投资为341亿元,年均智能化投资为170亿元,占电网总投资的6.2%。

第二阶段(2011—2015年):全面建设阶段,加快特高压电网和城乡配电网建设,初步形成智能电网运行控制和互动服务体系,关键技术和装备实现重大突破和广泛应用;电网总投资预计为15 000亿元,智能化投资为1 750亿元,年均电网投资350亿元,占电网总投资的11.7%。

第三阶段(2016—2020年):引领提升阶段,全面建成统一的"坚强智能电网",技术和装备全面达到国际先进水平。电网总投资预计为14 000亿元,智能化投资为1 750亿元,年均智能化投资350亿元,占电网总投资的12.5%。

(二)智能电网发展重点

1.发电智能化

研究先进的发电厂控制、监测、状态诊断和优化运行控制技术,强化"厂网协调和机网协调",提高电力系统安全经济运行水平,开展"数字化电厂"技术研究与示范,加快专家管理系统应用,全面提升发电厂的运行管理水平。加快清洁能源发电及其并网运行控制技术研究,开展风电光电储输联合示范工程,为清洁能源大规模并网运行提供技术保障;推动大容量储能技术研究,适应间歇性电源快速发展需要。

2.输电智能化

在各级电网协调发展的坚强电网基础上逐步实现输电环节勘测数字化、设计模块化、运行状态化、信息标准化和应用网络化,全面实施输电线路状态检修和全寿命周期管理,建设输电设备状态监测系统,广泛采用柔性交流输电技术。

3.变电智能化

变电环节逐步实现全站信息数字化、通信平台网络化、信息共享标准化、高级应用互动化,电网运行数据全面采集和实时共享,支撑电网实时控制、智能调节和各类高级应用,贯彻全寿命周期管理理念,加快对枢纽及中心变电站进行智能化改造。

4.配电智能化

采用先进的计算机技术、电力电子技术、数字系统控制技术、灵活高效的通信技术和传感器技术,实现配电网电力流、信息流、业务流的双向运作与高度整合,构建具备集成、互动、自愈、兼容、优化等特征的智能配电系统,提高配电网灵活重构、湖流优化和接纳可再生能源的能力。加快微网技术示范推广,满足分布式发电接入要求,提高配电网可靠性。

5.用电智能化

构建智能用电服务体系,实现营销管理的现代化运行和营销业务的智能化应用;开展基于分时电价等的双向互动用电服务,实现电网与用户的双向互动,提升用户服务质量,满足用户多元化需求;推动智能家电、智能用电小区和电动汽车等领域的技术创新和应用,改善终端用户用能模式,提升用电效率,提高电能在终端能源消费中的比重。

6.调度智能化

适应智能电力系统运行安全可靠、灵活协调、优质高效、经济环保的要求,构建涵盖电网年月方式分析、每日计划校核、实时调度运行等三大环节的调度安全防线,实现数据传输网络化、运行监视全景化、安全评估动态化、调度决策精细化、运行控制自动化、网厂协调最优化,研发建设具有国际领先水平、自主创新的一体化智能调度技术支持系统,形成一体化的智能调度体系。

7.信息通信支撑平台

建设以光纤化、网络化、智能化为特征,安全可靠、结构合理、覆盖面全的大容量、高速通信网络;优化网络结构、加大资源整合力度,建设和完善骨干光传输网络;加快配电和用电环节通信网建设,实现电力光纤到户,建立用户与智能电网之间互动、开放、灵活的通信网络,满足智能电力系统对通信信息平台的要求。

第二章 智能电网通信

第一节 智能电网的通信系统架构

一、智能电网中的互联网协议

智能电网通信系统是分层的,并且与传统的信息与通信技术(information and communication technology, ICT)网络架构有一定的区别。高可用性的网络(HAN)作为最小的网络类型,主要部署在用户侧,连接诸如个人计算机(personal computer, PC)、娱乐设备、安全装置、智能家电以及智能仪表等不同设备。同样,建筑区域网络(BAN)包括建筑管理系统、供暖通风与空气调节(heating ventilation and air conditioning, HVAC)系统、本地发电机和存储单元,而工业区域网络(industrial area network, IAN)主要是机械工业自动化系统。用户侧的智能仪表则属于高级计量架构(AMI)的重要部分。在社区,多个 AMI 系统通过互联可以组成邻域网(neighborhood area network, NAN),从而有效地聚合来自家庭局域网络的数据流量。同样,多个邻域网在场域网(field area network, FAN)的聚合也连接了分布式能源、配电自动化系统以及变电站网络。整个通信架构的最顶层是广域网(wide area network, WAN),它使所有彼此分离独立的网络互联,并提供与诸如 AMI 数据中心、电网调度中心、应用服务器中心等集中式控制中心的通信连接。

互联网协议(internet protocol, IP)在智能电网设计中起着关键性作用,是实现智能电网端到端互联及互操作的关键协议之一。例如,可控性、网络可见性、分布式系统中各种传感器的可寻址性、自动化、分布式能源(DER)的控制;甚至可以通过 IP 端到端连接来控制 AMI 内的能量发生器、智能仪表和恒温器。IP 使智能电网应用独立于物理媒体和数据链路通信技术,只要这些技术能满足给定应用的需求。这大大减少了开发上层应用的复杂度,并且保证了互操作性。IP 提供了良好的可扩展性,这是集成数百万设备的智能电网网络的另一个重要要求。

众所周知,IP当前的问题是IPv4寻址范围不足,因此需要IPv6路由协议的支持。这在设计上与传感器网络的当前技术以及家庭自动化技术相矛盾,后者试图通过使用他们自己的专有寻址方案来使开销最小化。为了使众多有线和无线通信技术支持IPv6,互联网工程任务组(IETF)已经设计了多种适配层,包括IPv6报头压缩、邻近对象发现优化以及其他多种功能。

二、基于IPv6的低功耗无线网络以及低功耗有损网络路由协议

基于IPv6的低功耗无线个域网(IPv6 over low power wireless personal area network,6LoWPAN)是由互联网工程任务组定义的一种开放式标准,其关键作用是确保基于6LoWPAN不同应用间互操作性的实现。6LoWPAN最初旨在为IEEE802.15.4的物理层/媒体访问控制层(PHY/MAC)提供一个适配层,并定义了为实现基于IPv6的通信传输所必需的优化方案。除了IEEE802.15.4,6LoWPANs适配层也被Wave2M、IEEP1901.2、低功耗蓝牙等技术所采纳。

6LoWPANs被视为部署基于IP的无线传感器网络和扩展全球不同设备间端到端互联的一个必要标准。IPv6组播地址压缩、基于IPv6的邻近对象发现优化以及低功耗链路路由协议等需求被密切关注。低功耗链路的默认路由协议是低功耗有损网络路由协议(RPL)。由IETF的低功耗有损网络路由(ROLL)工作组定义。它是为低功耗有损网络(LLN)设计的基于IPv6的距离矢量路由协议结合众多指标来选择出最佳路径。距离矢量协议不仅能够针对一个物理网络创建逻辑拓扑,并且包括流量服务质量(quality of service,QoS)以及特定图形创建的各种约束。RRL在网状网中起到了重要作用,因为多条路径的选择对端到端吞吐量和延迟有很大影响。

三、新形势下智能电网信息系统的构建

据调查显示,全球智能电网市场的规模从2018年的238亿美元增至2023年的613亿美元,复合年增长率(CAGR)为20.9%。在此背景下,智能电网的信息系统构建成为电力行业从业人员的热议话题。基于智能电网运行的信息需求等特征,在构建针对智能电网的信息系统时,应当关注信息的采集、处理、集成、分析、显示以及信息安全等多个环节。其中,信息采

集与处理的意义在于为整个信息系统提供详尽的、实时的数据,其中包括数据采集系统、智能电子设备资源的动态共享、精确数据对时等;信息集成是智能电网信息管理的一大特色,这一环节要求纵向的产业链信息、电网信息集成,亦要求横向的各级电网企业的信息集成;信息的分析则是对经过采集、处理、集成后的数据进行业务分析的过程,从某种意义上来讲,信息分析是开展智能电网相关业务的重要辅助工作;信息显示是为用户群体提供个性化的可视界面的重要环节,一般认为,信息显示界面的设计,除了考虑先进技术的合理运用外,还需要关注用户的实际需求以及体验;信息安全则是信息系统构建过程中极为重要的环节,明确各个利益主体的权限与保密程度,是当前社会给智能电网信息管理提出的新要求,信息安全模块的落实情况,与电力信息资源以及电力网络经济利益之间有着较为密切的联系。因此,在加强智能电网信息系统的研发与构建的同时,安全防护的重要意义以及安全防护技术的应用也不容忽视。

四、5G 网络组网架构

随着国民经济不断发展,人民群众不断增长的能源服务需求对现代能源体系提出了更高的要求。电力企业的服务宗旨也从让广大人民群众"用上电"转变为"用好电",打造安全、高效的智能电网系统变得非常迫切。智能电网发展环节中,网络作为支撑智能电网发展的重要基础设施,为各类电力业务数据传输提供通信支撑。随着配网自动化、低压集抄、分布式能源接入、用户双向互动、智能化巡检、移动作业终端等业务快速发展,电网设备、电力终端、用电用户对网络的传输速率、低时延、安全性、可靠性需求也在不断增长,现有网络开始无法满足智能电网业务发展需求。

2019 年 10 月 31 日,中国移动、中国联通、中国电信三大电信运营商公布 5G 商用套餐,标志着中国正式进入 5G 商用时代。与 4G 组网相比,5G 采用更宽的频谱、更灵活高效的空中接口技术及超大规模天线,因此 5G 核心网络架构更开放、灵活、有弹性。同时由于 5G 的频段更高,造成信号传播损耗大、信道变化快、绕射能力差,因此合理架构 5G 网络变得十分必要。

第三代合作伙伴计划(third generation partnership project,3GPP)标准化组织定义 5G 网络架构分为非独立组网(non standalone,NSA)和独立组网 SA(stand alone,SA)。独立组网指通过新建 5G 基站及核心网,形成独立的

5G网络架构;非独立组网指利用现有4G基础设施,通过改造4G网络或新建5G基站进行网络补充,逐步实现4G网络向5G网络转变。

非独立组网网络架构发展分为三个阶段。初期阶段:4G网络作为主要商用网络,5G基站逐步商用部署,4G基站、5G基站共享4G核心网,4G基站作为核心网接入锚点,实现4G和5G基站信息互联;中期阶段:4G基站升级成为增强型4G基站同时支持5G基站信息接入,4G基站、5G基站共享5G核心网,增强型4G基站作为核心网接入锚点,实现增强型4G与5G基站信息互联;长期阶段:5G网络成为主要商用网络,增强型4G网络开始逐步退出,增强型4G和5G基站仍共享5G核心网,5G基站作为核心网接入锚点,实现增强型4G与5G基站信息互联。

独立组网网络架构发展分为两个阶段。初期阶段:新建5G基站和5G核心网,4G作为主要商用网络,4G网络与5G网络相互独立,无须互相操作;长期阶段:5G网络作为主要商用网络,通过双连接与4G网络以SA或NSA方式进行4G/5G融合组网,5G基站作为锚点接入5G。

(一)5G网络组网方案及部署建议

从长期规划及应用标准化等方面考虑,采用新建5G基站接入5G核心网的独立组网方式是业界公认的5G网络目标架构,适用于5G网络部署生命周期。但是同步部署5G基站和5G核心网的组网方式在建设初期成本较高,单独使用5G网络难以实现5G网络应用的连续覆盖。因此在5G网络覆盖不完善的情况下,充分利用成熟的4G网络架构,将4G网络作为5G网络的有效补充,是5G网络较为经济的一种部署方式。

(二)非独立组网5G网络在智能电网中的应用架构

5G网络的商用满足了智能电网对移动无线网络安全性、可靠性、低延时的需求。采用非独立组网架构的5G网络既融合了现有4G网络的优势,同时具有高速率、低时延、海量连接的特征。现有智能电网通信网部署以光纤通道和无线网络为主,采用非独立组网架构的5G网络可以利用现有3G/4G终端及光纤通道进行网络升级,既可以避免电力企业前期投资浪费,又能在短周期内部署5G网络应用。在保障网络安全的基础上,非独立组网5G网络能够满足智能电网输电、变电、配电及用电各环节差异化业务需求,加速了智能电网智能化和信息化发展进程。

(三)5G智能电网业务应用

1.变电站智能化巡检

利用5G网络,结合巡检机器人及站内视频监控的应用,对变电站运行状态、负荷情况进行监视,业务流将各变电站巡视视频、图片集中到监控云平台,采用AI技术,对视频、图片进行识别,提取变电站故障检测状态、运行状态、开关状态等信息并反馈至变电站运维人员,实现变电站无人值守及远方集中实时监控,扩大了变电站运维人员巡检范围并提升了巡检效率。

2.分布式能源通信

利用5G网络大容量接入、高带宽的特点,进行分布式能源设备运行数据、气象环境数据等信息的实时采集,结合大数据建模分析,可实现远程诊断、设备预试、资产全周期管理、智能运维等,同时利用网络切片、边缘计算技术,实现生产控制大区设备的生产控制,满足调度系统对安全隔离及低延时要求,在对生产实时数据及气象环境进行大数据深度分析的基础上,研究分布式能源的智能控制策略,做到优化生产发电。

3.输电线路无人机巡检

结合边缘计算应用,5G网络综合承载无人机飞行控制及图像、视频等信息与就近的5G基站连接,在5G基站部署边缘计算服务,实现视频、图片、飞行控制信息本地卸载并直接回传至控制台,保障通信时延在ms级,通信带宽在Mbit/s以上,同时还可利用5G网络高速移动切换特性,使无人机在相邻基站快速切换时保障业务的连续性,从而扩大巡线范围到数千米范围以外,这极大地提升了巡线效率。

4.配网差动保护

由于配网差动保护要求对采集设备端到端网络时延不大于15ms,网络授时精度小于10μs,传统的4G网络不具备高精度网络授时功能,同时端到端网络时延也无法满足业务要求,5G网络在配网差动保护的应用将大大改善配网运行状态。配电终端(DTU)利用5G网络低时延、高精度网络授时特性比较两端或多端同时刻电流值,当电流值超过门限值时,通过对故障的精确定位和隔离,同时快速切换备用线路,停电时间将由小时缩短至数秒。

5.计量采集应用

结合5G网络,以智能电能表为基础,开展远程抄表、负荷监测、线损分析、电能质量监测、停电时间统计用电等信息的深度采集,满足智能用电和个性化用户服务需求。通过建设用能服务系统,采集用户数据并智能分析,为用户的能效管理服务提供支持;对于家庭用户,通过居民家庭能源管理系统实现关键用电信息、电价信息与居民共享,进一步优化营商环境。

智能电网的发展受无线网络安全性、可靠性、时延性制约,而非独立组网架构的5G网络既可以避免电力企业前期投资浪费,又能在短周期内部署智能电网5G网络应用。

第二节 智能电网中的有线通信

智能电网已成为未来电力领域的重要发展方向,随着智能化技术的发展,通信技术在智能电网中也发挥着越来越重要的作用,国内外许多国家都致力于研究智能电网通信中的关键技术,以便为智能电网通信工程的发展进行更好的指导与规划。因此,有学者探讨了智能电网通信工程有线通信技术的特点等内容,分析了当前我国智能电网通信工程中有线传输技术的应用,并在此基础上对智能电网通信工程中的有线传输技术的改进开展了深入的研究。

一、智能电网中通信工程数据传输技术的特点分析

(一)产品轻量化

现代数据传输设备正向轻量化发展,有效地降低了智能电网设备的生产成本,以便智能电网通信工程的发展具备更充足的资金。

(二)功能多样化

网络信息技术的有效应用,极大拓展了通信系统的功能涵盖范畴,并且在高效率的数据处理器作用下,有效提升了数据线缆的可利用率以及数据传递的效率,保障了网络平台的使用质量。

二、智能电网通信工程中有线传输技术分析

(一)双绞线电缆技术

双绞线电缆在我国智能电网通信工程中的应用极为广泛。在智能电网建设过程中,不仅在数字信号领域,而且在模拟信号领域均以双绞线电缆为基础,主要包含非屏蔽双绞线(UTP)与屏蔽双绞线(STP),二者之间有相同点也有不同点,相同点为两者都称作双绞线电缆,不同点为非屏蔽双绞线属于综合布线,屏蔽双绞线属于金属包裹线。屏蔽双绞线要比非屏蔽双绞线产生的辐射更低、传播速度要高,但也存在不足之处,主要为应用屏蔽双绞线的时候需要投入更多的成本,而且施工过程相对比较困难。

1.双绞线的特征

各种类型的双绞线区分和评价的依据主要包括:导线直径、含铜量、导线单位长度绕数、屏蔽措施等。这些因素的综合作用决定了双绞线的传输速率和传输距离。

(1)导线直径

导线直径即铜导线的直径,一般直径越大,传输能力越强。

(2)含铜量

含铜量直观的表现就是导线的柔软程度,越柔软的导线含铜量越高,传输能力越强。

(3)导线单位长度绕数

导线单位长度绕数表示导线螺旋缠绕的紧密程度,单位长度内的绕数越多,对干扰的抵消作用就越强。

(4)屏蔽措施

屏蔽措施越好,抗干扰的能力就越强。根据双绞线是否带有金属封条的屏蔽层可以把双绞线分为非屏蔽双绞线和屏蔽双绞线。理论上,屏蔽双绞线的传输性能更好,但在实际的使用中,屏蔽双绞线对于工程安装的要求较高,而且如果金属屏蔽层的接地不好,有些条件下其性能甚至还不如非屏蔽双绞线。因此,被广泛使用的实际上是非屏蔽双绞线。

2.双绞线分类

双绞线传输模拟信号的带宽可以达到250kHz,而传输数字信号的数据速率随距离的变化而不同。美国电子工业协会/美国电信工业协会(EIA/

TIA)为双绞线电缆定义了不同的规格型号,根据双绞线所支持的频率和信噪比,主要可以分为:一类线、二类线、三类线、四类线、五类线、超五类线、六类线、七类线。

作为传输能力更强的双绞线,它们的标准还处于进一步的发展之中。

3.双绞线的优点

(1)成本低,易于安装

相对于各种同轴电缆,双绞线是比较容易制作的,它的材料成本与安装成本也都比较低,这使得双绞线得到了广泛的应用。

(2)不可替代

目前在世界范围内已经安装了大量的双绞线,绝大多数以太网线和用户电话线都是双绞线,这对于接入网的建设产生了巨大的影响,因为短时间内全部替换这些双绞线的可能性几乎是不存在的。

4.双绞线的缺点

(1)带宽有限

由于材料与本身结构的特点,双绞线的频带宽度是有限的。例如,在千兆以太网中就不得不使用四对导线同时进行传输,此时单对导线已无法满足要求。

(2)信号传输距离短

双绞线的传输距离只能达到1 000 m左右,这对于很多应用场合的布线造成比较大的限制,而且传输距离的增长往往伴随着传输性能的下降。

(3)抗干扰能力不强

双绞线对于外部干扰很敏感,特别是外来的电磁干扰,而且湿气、腐蚀以及相邻的其他电缆等这些环境因素都会对双绞线产生干扰。在实际的布线中双绞线一般不应与电源线平行布置,否则就会产生干扰;而且对于需要埋入建筑物的双绞线,应将双绞线套入其他防腐防潮的管材中,以消除湿气的影响。

5.双绞线的应用

(1)ISDN

窄带ISDN中的基本速率接口(BRI)和基群速率接口(PRI)常使用双绞线作为传输介质。

BRI:提供2B+D(2×64kb/s+16kb/s)共144kb/s的接入速率。

PRI：提供30B+D（30×<64kb/s+16kb/s）共约2Mb/s的接入速率。

ISDN用于接入网时常采用BRI接口，此时就可以直接利用原先的电话线路作为接入线路。

（2）XDSL

基于数字用户线路（DSL）技术存在着多种接入网的解决方案，如ADSL、SDSL、VDSL等，它们共同的特点是通过使用调制和编码技术在双绞线上实现了数字传输，达到了较高的接入速率。但这些DSL技术又在通信距离、是否对称传输、最高速率、使用双绞线对数等很多方面存在着不同。

根据本地网络状况、带宽需求、用户使用习惯等不同，它们有着不同的应用场合。目前在我国，非对称数字用户线路（ADSL）技术被大规模地用于接入网络建设中。在我国的电话网络中，特别是公共电话网络用户线路的布线中还存在着大量的平行线，在电话通信中使用平行线代替双绞线的影响不大，但当利用这样的接入线路作ADSL接入时，就会产生较大的影响。ADSI下行的最大速率可以达到8Mb/s，而采用平行线替代双绞线一般只能达到每秒数百千比特的下行速率。

（3）以太网

现在的以太网在之前的基础上增强了工业级运行能力，其最大的特点是在增强对恶劣环境的适应特性的同时能够实现较高标准的传输带宽和时延响应，符合IEC61850电力规范，具备快速冗余技术等关键技术，其物理层和数据链路层采用IEEE802.3以太网标准，网络层和传输层采用TCP/IP协议组。目前大多应用10kV配电侧，在组网上以太网可以通过基于二层VLAN协议、三层IP协议对配电网业务进行区分。

以太网的技术优势有以下几方面：

①环境适应性较强，可灵活适应室外复杂环境，满足IEC61850变电站自动化电磁兼容标准；②较强的环网保护功能，支持生成树（STP）和快速生成树（RSTP）协议，可以组建环网或相切环拓扑结构，使保护倒换时间大大缩小，甚至达到20 ms以内；③传输距离更远，对于大型城市，光纤链路距离较远的地方具备一定优势，单模光纤在无中继的情况下传输距离可达80千米；④强大的网络管理能力，支持SNMP等多种不同级别的网络管理协议，能够实现终端的集中管理和配置，为系统提供全面的网络错误诊断；⑤安全性较强，工业以太网交换机通过对网络访问控制方式的限制，能够

有效地防止非端口的网络攻击;⑥服务质量较好,在以太网帧中设置网络封包的优先级,从而保证不同业务的服务质量,自身的流量控制功能能够有效地减轻网络负荷。

以太网应用的难点和不足分为以下几个方面:

①造价高昂,不仅光缆通道施工难度和费用较高,其设备自身造价也远超过EPON方式;②网络规模受限,由于采用以太网数据链路层协议,网络的规模得到严重限制,对于10kV和0.4kV节点众多的覆盖需求无法满足,更多的情况是和其他技术进行混合组网,增加了网络复杂性;③网络结构受限,相对于EPON方式,组网仅适合环形或星型结构,目前大多数的配电和用电节点都属于树形和链形结构,对于此类结构若采用工业以太网技术组建,相对于EPON结构单个节点中断不会影响后续节点特性,工业以太网的运维会较为复杂,新加入的节点在不具备环形路由的情况下,会导致后续节点中断。

(二)光纤有线传输技术

光纤有线传输技术是现阶段的主流应用技术,主要传输方式有单模和双模传输技术,单模和双模的不同点主要体现在单模需要相对稳定的运行环境,而双模技术不只是一种模式的光纤传输,且光纤有限传输技术的使用耗损率比较低,传输效率相对较高。除此之外,与以往传统铜线及其他电缆相比较,多模光纤的激光放大器技术使得多模光纤可以放置在更远的距离上,同时能够提升设备信号抗干扰能力,光纤的材质能够具备抗腐蚀性。光纤也是一种有线介质,它可以提供高达太赫兹级别的带宽,而且误码率非常低,但缺点是安装复杂,需要专业的人员和专业的设备。目前,光纤主要应用于骨干网络中。

1.光纤的结构

光纤的结构和同轴电缆很相似,只是没有网状屏蔽层。光纤通常是由石英玻璃制成的横截面积很小的双层同心圆柱体,它质地脆,易断裂,因此需要外加一保护涂层。外面包围着一层折射率比纤芯低的玻璃封套,简称包层,以使光线保持在光纤内。再外面的是一层薄的塑料外套,用来保护封套。光纤通常被扎成束,外面有护套保护。

现在,国际电信联盟和国际电工委员会(IEC)对大多数单模光纤和多模光纤产品的几何尺寸、传输性能和测量方法做了详细的技术规范。光纤主要是由二氧化硅或硅酸盐玻璃制造而成。现在经常用的光纤有石英光纤、塑料光纤和卤化物光纤。

2.光的传播特性

光属电磁能量,在空气中的传播速度大约为$3×10^8$ m/s。所有频率的光波在空气中的传播速率都是一样的。光在均匀介质中沿直线传播。光从光疏介质到光密介质传播时,电磁波速度会降低,光线向法线方向折射;相反,光从光密介质到光疏介质传播时,电磁波速度提高,光线偏离法线方向折射。

3.光线在光纤中的传播

所谓光纤就是工作在光频的介质波导,光纤波导通常是做成圆柱形的。光可按照反射和折射两种方式沿光纤波导传播,传播方式主要取决于光纤的传播和折射率分布。光纤可以约束光波的电磁能量位于波导表面以内,并引导电磁能量沿光纤轴方向传播。光纤波导的传播特性取决于它的结构参数,这些结构参数将决定光信号在光纤中传播时所受到的影响。光纤的结构基本确定了它的信息承载容量。

光纤波导最常用的结构是单一固体电介质圆柱。这个介质圆柱就是通常所说的纤芯。从原理上分析,当光在纤芯中传播时,包层并不是必须的,之所以采用包层结构是基于以下几种考虑:首先包层可以减少散射损耗,而散射损耗则是由纤芯表面电介质的不连续性造成的;其次包层可以增加光纤的机械强度,还可以防止纤芯受污染。

低损耗和中损耗光纤一般使用玻璃作为纤芯材料,而包层则可以是另一种玻璃或是塑料。高损耗的塑料芯光纤其包层也为塑料,这种光纤同样有广泛的用途。另外,大多数光纤都密封在一层富有弹性、耐腐蚀的塑料护套中。这一层材料可以进一步增加光纤的强度,减缓因变形或表面粗糙所造成的机械损伤。

如果一种光纤的纤芯折射率是均匀的,在纤芯与包层的界面有一个折射率突变(或阶跃),此类光纤称为阶跃折射率光纤;如果光纤折射率作为从光纤中心向外的径向距离的函数而渐变,这类光纤称为梯度折射率光纤。

4.光纤的分类

在光纤技术中,"模"的概念简单说就是"路径"。如果只有一条光径沿光缆传播,则称为单模;如果多于一条,则称为多模。无论是阶跃型还是梯度型折射率光纤,均可分为单模光纤和多模光纤两类。下面分别来讲述单模光纤和多模光纤的特点。

(1)单模阶跃型光纤的优缺点

单模阶跃型光纤的优点有:①单模阶跃型光纤色散最小,由于光线几乎沿同一路径传播,具有相同的轴向速度,因此系统消除了模间色散干扰,适用于高速率长距离系统;②接收端还原光信号的高精确度,使单模阶跃型光纤比其他光纤具有更宽的可用带宽和更高的传输速率。

单模阶跃型光纤的缺点有:①由于纤芯极细,使光进出光纤的耦合十分困难,耦合效率低,光源的入射孔径也最小;②同样由于纤芯极细,在使用单模阶跃型光纤时,对光源的要求较高;③单模阶跃型光纤造价高,制造相对困难。

(2)多模阶跃型光纤的优缺点

多模阶跃型光纤的优点有:①造价低,制造相对容易;②有较大的射入孔径,光耦合容易。

多模阶跃型光纤的缺点有:①由于光纤中接收端到达光有不同的传播路径,存在模间色散,对系统性能影响比较严重;②可用带宽和传输速率均低于其他的光纤。

(3)多模渐变型光纤

除了单模光纤和多模光纤,还有一种多模渐变型光纤。多模渐变型光纤性能介于单模和多模阶跃型光纤之间。它比单模阶跃型光纤更易于光的耦合,但比多模阶跃型光纤困难;受多条传播路径的影响,其色散比单模阶跃型光纤大,但小于多模阶跃型光纤;比单模阶跃型光纤容易制造,但又难于多模阶跃型光纤。

5.光纤的损耗

传输损耗是光纤的另一个重要性能指标,它会造成光能的减弱,引起系统带宽、传输速率、有效性以及整个系统通信能力的下降。主要损耗:吸收损耗、瑞利散射损耗、辐射损耗、连接器损耗。

(1)吸收损耗

光纤中的吸收损耗与金属电缆的功率损耗相似,其中的杂质吸收光能并将它转换成热能。造成吸收损耗的因素主要有3个:紫外吸收、红外吸收和离子谐振吸收。

①紫外吸收是因制造光纤的硅材料中的价电子引起的。光将这些价电子电离,而电离作用本身在光学领域就相当于一种损耗,因而造成光纤传输的损耗。

②红外吸收是因玻璃纤芯中的原子吸收光子引起的。被吸收的光子产生无规则的机械振动,通常这就是热能。

③离子谐振吸收是因光纤制造过程中含有H离子的水分子渗入光纤材料而引起的。此外,铁、铜、铬等金属离子也会造成离子吸收。

(2)瑞利散射(材料散射)损耗

在光纤制造过程中,玻璃经过热压(拉伸成细长的光纤)处在一种可塑状态(既非液态也非固态),作用其上的拉力引起逐渐冷却的玻璃内部发生亚微观的形变,而且永久地固化在光纤中。当沿光纤传播的光遇到这些不规则的地方时,就会向不同的方向折射,发生散射。散射光有的继续沿光纤传播,但有的折射入包层,这就是光能的损失,即通常所称的瑞利散射损耗。

(3)辐射损耗

辐射损耗是由光纤的微小弯曲和缺陷引起的。弯曲有两种形式:微弯曲和固定曲率半径弯曲。纤芯与包层材料之间热收缩率不同造成的弯曲称为微弯曲,即光纤中发生瑞利散射的间断点;固定曲率半径弯曲是光纤在成缆或安装过程中发生的弯曲。

(4)连接器损耗

光纤的连接器损耗发生在这样几个光转接处:光源——光纤的连接,光纤——光纤的连接,光纤——光电检波器的连接。连接没对准是造成连接损耗的主要原因,一般有这样几种情况:横向位移、连接位移、连接间隙、倾斜位移、截面不平整。

6.光纤的色散

光的折射率与波长有关,如光源采用复色光,则不同波长的光有不同的折射率。因此,由光源同时发出的光线经光纤传输后不会同时到达远端,接收到的信号会发生畸变,这种畸变就称为色度畸变,它可用单色光源来消除。光纤的色散可以分为材料色散、波导色散、偏振模色散和模间色散。

(1)材料色散

材料色散的产生是因为折射率是光波长的函数。材料色散作为一种模内色散,其影响对于单模波导和 LED 系统(因为 LED 的发射频谱比半波导体激光器宽得多)显得尤为突出。

(2)波导色散

当一个光脉冲进入光纤后,它的能量被分散到许多种导波模上,这些不同的模式以各自的群时延在不同的时刻到达光纤的另一端,从而使光脉冲发生展宽。对于多模光纤,波导色散与材料色散相比要小得多,因而可以忽略。

(3)偏振模色散

光信号中不同偏振状态的双折射现象是导致脉冲展宽的另一个因素。这种因素对于长途大容量的光纤链路的影响尤为严重。这种链路系统一般工作在光纤的零色散波长附近。双折射的产生是因为光纤本身的缺陷,如纤芯的几何形状不规则、内部应力不均匀等。即使纤芯的非圆程度还不到1%,但在高速系统中的影响就很明显了。另外,由于外部的因素如弯曲、扭曲、挤压光纤,也会导致双折射。在任何野外铺设的光纤中,上述这些因素都会不同程度地存在,所以在光纤线路上双折射的大小是不断变化的。

光信号的一个基本特性是它的偏振状态。所谓偏振是指光信号中的电场矢量的取向,它会沿着光纤的长度发生显著变化。信号的能量在给定的波长处分解成两个正交的偏振模。由于沿着光纤方向的双折射程度不断变化,因此两个偏振模传播的速率稍有差别,而且偏振方向也会发生旋转。这两个正交的偏振模最终所产生的时延差就会导致脉冲的展宽,这就是所谓的偏振模色散(PMD)。

(4)模间色散

最后一个导致信号劣化的原因是模间色散,它的产生是因为在同一频率点上不同模式具有不同的群时延。模式阶数越高,与光纤轴线之间的夹角越大,因而它的轴向群速率就越慢。模式之间的群速率差导致了群时延差,由此产生模间色散。这种色散对单模光纤没有影响,但对多模光纤却是至关重要的。

(三)同轴电缆传输技术

根据现在的技术原理来看,把铜线当作芯线,电缆铜线也用同轴铜管代替,这样能保证传输的具体需求,防止外界的干扰,能够有效提升数据传输的有效性。

1.同轴电缆的特点

(1)可用频带宽

同轴电缆可供传输的频谱宽度最高可达吉赫兹,比双绞线更适于提供视频或是宽带接入业务,也可以采用调制和复用技术来支持多信道传输。

(2)抗干扰能力强

同轴电缆误码率低,但会受到屏蔽层接地质量的影响。

(3)性价比高

虽然同轴电缆的成本要高于双绞线,但是它也有着明显优于双绞线的传输性能,而且绝对成本并不是很高,因此其性价比还是比较理想的。

(4)安装较复杂

同轴电缆和双绞线一样,线缆都是制作好的,使用时需要的是截取相应的长度并与相应的连接件相连。在这一环节中,由于同轴电缆的铜导体较粗,一般需要通过焊接与连接件相连,因此其安装比双绞线更为复杂。

2.同轴电缆的应用

同轴电缆以其良好的性能在很多方面得到了应用。

(1)局域网

目前仍有相当数量的以太网采用同轴电缆作为传输介质。很多生产年份较早的网卡均同时提供连接同轴电缆和双绞线的两种接口。

(2)局间中继线路

同轴电缆也被广泛地用于电话通信网中局端设备之间的连接。

(3)有线电视系统的信号线

直接与用户电视机相连的电视电缆多是采用同轴电缆。同轴电缆既可以用于模拟传输,也可以用于数字传输。在传输电视信号时一般是利用调制和频分复用技术将声音和视频信号在不同的信道上分别传送。

(4)射频信号线

同轴电缆也经常在通信设备中被用作射频信号线,例如基站设备中功率放大器与天线之间的连接线。相对于用作基带信号传输的同轴电缆(如以太网线),用于射频信号传输的同轴电缆对于屏蔽层接地的要求更为严格。

(四)架空明线传输技术

架空明线传输技术主要是利用电线杆的合理布置来对导线进行架设,作为通信通道实现的基础。根据信道频率看,线路低端的位置间距最大,但是线径间距以及线缆尺寸通常会对最高端的具体布局产生较大影响。以架空明线传输技术为基础,用传输信道来满足传真、电报等一系列的传输需求,只能实现近距离传输,而且根本无法保证传输的速率。

(五)绞合电缆传输技术

绞合电缆统称平衡电缆,它的低频对称电缆的频带是比较窄的,所以一个信道中就只能够传输一路电话;而高频对称电缆中双绞线又分屏蔽和非屏蔽两种,屏蔽的价格比较高,而且重量大,应用的范围有限。但从发展趋势来看,绞合电缆传输技术的发展前景比较好。

三、智能电网通信工程中有线传输技术的应用

有线传输技术在智能电网通信工程中的两种应用形式主要是本地传输和长途传输。

(一)在本地骨干线网中的应用

本地传输就是利用本地的网络传递一些信息和数据,比如光缆入户以及网络连接等,这些都是有线传输中采用的具体方式。本地有线传输的优点是可以借助全方位的网络模式将整个城市的数据进行规整,并且提供便利、高效的信息服务。此外,本地传输网络中的传输设备能够进行自动更新和升级,这样更加有利于本地骨干线网的管理工作。本地有线传输不但可以满足人们的日常需求,而且可以让人们花更少的钱享受到更高品质的服务,还能够大力促进我国智能电网通信工程的持续发展。

骨干通信网包含光传送网媒介及其承载的数据网。光传送网以SDH/MSTP方式为主,部分地区采用了PTN网络;数据网包括调度数据网和综合数据网。目前骨干通信网(四级)的规划、设计、建设和运维流程基本完善,但随着通信接入业务的不断发展,对骨干通信网的业务需求也不断增大,对骨干通信网提出设备备份、链路冗余、电源冗余,故障自愈等功能均需要在EPON通信接入网建设前期进行规划设计,宜对现有骨干通信网(四级)进行技术改造以满足通信接入网的相关要求。

1.下联接口要求

目前骨干通信网以SDH/MSTP为主,通信接入网技术选择EPON技术,为实现骨干通信网(四级)和配电通信网无缝连接,减少网络节点,优化网络结构,骨干通信网(四级)在通信接入网建设前期应提供如下接口:

标准SDH接口:E1接口、STM-1(155M/POS口)、STM-4(622M/POS口)。

以太网接口:10/100/1 000(光口/电口),支持VLAN划分、GFP封装、动态带宽调整等功能。

2.与EPON方式通信接入网互联方式

骨干通信网(四级)与通信接入网宜实现双节点互联,从变电站汇聚的通信接入网业务宜采用以下两种方式上传至主站系统:

OLT设备直接连接SDH/MSTP设备接口,或经交换机汇聚后连接至SDH网络后再传输至中心站业务主站系统。

OLT设备通过综合数据网数据设备进行汇聚,再连接至中心站业务主站系统。

3.多业务承载

通信接入网中主要需承载配电自动化系统、用电信息采集、电能质量检测、视频信息等业务。不同业务的特性需求要求骨干通信网(四级)具备相应可靠的部署方案,以满足其所承载业务的稳定可靠传送需求。针对多业务承载需求,可采用如下方式:

小型化、高集成度的WDM设备部署至变电站,不同类型的业务以波分的物理隔离方式进行承载;不同的业务经由SDH不同电路承载,采用时分的物理隔离方式;不同的业务在数据层面划分不同的VLAN,以逻辑隔离的方式进行承载。

4.冗余保护

网络备份或者冗余可以同时通过骨干通信网(四级)自愈功能和下联接口提供主备通道,支持通过双路保护的方式完成。

5.延时要求

骨干通信网(四级)在承载各类型通信接入网业务时,满足相应标准规范限定的延时要求;针对EPON网络提供的手拉手的保护方式,对于支持配电自动化业务的保护倒换,骨干通信(四级)网用于连接手拉手网络保护的OLT之间的倒换时延应满足业务时延要求。

6.带宽要求

通信接入网业务将在变电站进行汇聚,并以共享环方式接入骨干通信网,环网结构与骨干通信环网一致,地区支环带宽按25×2M预留,主环网按155M预留。

(二)在长途干线网中的应用

随着技术的不断进步,有线传输技术在长途干线网也得到了更好的利用。长途干线网不但传输的数据量是非常大的,而且信息种类复杂多样。随着社会信息化程度飞速发展,信息共享和数据融合已经成为当今社会的发展趋势,同时,人们对长途干线中信息传输的要求也越来越高。有线传输技术的应用在很大程度上增大了线路传输带宽,减少中间传输环节,使得长途干线网的机动灵活性得到有效提高,以此来提高传输数据的效率,还可以让数据传输更加稳定和安全。

四、智能电网通信工程中有线传输技术改进

(一)跨地域光缆通信,加强数据实时监控

不论是在数据传导效率方面,还是在数据的传导距离方面,以往传统的传输技术已经无法满足社会经济发展的需求。地方电网的不断升级和优化,让传统的线缆材料要实现自动化、智能化,需加强实时化的监控系统。可通过应用跨地域光缆通信的方式,进一步完善数据传输环境,从而更好地解决长距离传输等一系列的问题。根据我国当前经济发展的具体需求,地方电网系统需给予有效的创新,通过将新型科技应用到数据监控当中,这样才能够把智能化、自动化技术更好地应用到智能电网的通信工程当中,在保证地方电网系统架构安全的同时能够更好地提升传输的可靠性。跨地域光缆通信方式的有线传输技术改进了数据传输的环境,能有效解决长距离数据传输的问题。

(二)大力推动网络信息化的全要素发展

在发展智能电网通信工程有线传输技术的时候,还需大力推动网络信息化的全要素发展,在具体增加有线传输技术应用的地方,增强传输技术的可靠性,增加人们对有线传输技术的信任。商场在构建智能电网通信工程的时候,首先必须依照商场自身的情况来制订计划,然后根据客流量、实际功能、划分的防火区域来提供合适的自动化消防系统。应用智能电网通

信计算机能为消防报警系统提供一些数据传输平台,并利用有线传输系统导入数据,从而能够实现消防系统的自动启动,多为计算机平台提供一些数据,通过智能化来判断会不会发生火灾,并且让数据导入有线传输系统里,通过计算机识别处理以后再把数据指令导回,让系统来判断是不是开启了自动消防系统。综上所述,网络信息化的落实在一些方面增加了通信数据的可控性,能够丰富有线传输技术的应用范围。

(三)加强智能电网通信工程有线传输线路优化

智能电网通信中进行设备连接的基本介质有光纤和电缆,这是保障信号传输工作的基础线路。因此,我们在进行智能电网通信工程技术升级的时候,一定要注意线路的优化工作。以光纤有线传输技术的改进为例,如果中心局没有对业务区域进行特别准确的划分,就应该围绕着设备构成特点来进行通信线路的具体布置,两局之间的电路还有电路的调度工作就应该让其核心层去负责,这样才便于有线信号的有效传输,以此来确保信号更加稳定、传输更加安全。在业务情况稳定以后,再对具体的设备区域进行长期规划,以保证智能电网通信运营部门选择的权利,这样才能确保智能电网通信的信号传输线路发挥更好的运行状态。工程线路的优化不仅要确保中心局清晰划分所管辖的区域,还要满足工程建设需求,降低经济成本等。这样既可以在对业务辖区进行合理划分,还能够对SDH传输网络结构进行优化,为有线传输技术奠定基础。

第三节 智能电网中的无线通信

智能电网通过在电力系统中引入计算机、自动化控制等技术,能够实现电力生产、输送、分配以及使用等各环节的有效管理,使电网运行实现高度自动化的目标。将电力网络和信息技术结合在一起,运用各种数字化传感器实时采集电网数据,通过分析和统计实现自动化控制,有效提高电网资产的利用效率。在不同地区电力资源储备、电力需求等存在差异的情况下,需要保持电网信息的双向流动,为资源的集中化管理提供支持。对于全自动电力传输网络,需要对用户和网络节点进行监控,为从发电到用电的各节点提供信息基础。搭建网络通信架构,通过综合信息网络、有线传输网络以及无线传输网络等实现上、下互联互通,通过全覆盖管理合理进行资源调度,保证电网的稳定运行。

一、无线通信技术的概念

智能电网是通过自动控制和现代通信技术的综合应用,实现高效率、高可靠性和高安全性的电网系统。因此,在智能电网中通信的可靠性和及时性就成了影响电网自身可靠性和安全性的关键因素。然而,通信设备故障、通信容量限制和自然灾害等因素,会导致通信受到干扰甚至中断,将严重影响电力系统的在线监测、诊断和保护。在这方面,采用合适的通信技术,并保证通信设备的安全性和可靠性,对于电网的正常运行至关重要。

相较于传统电网,智能电网能够实现全自动连续运转,凭借信息集中化优势确定配电网局部需求,合理进行电源分配以提高电源利用效率,在精确监控用户用电行为的基础上实现电价测量和计费,有效提升电网运行的经济性和可靠性。在智能电网实际运行的过程中,需建立全双工、全数字化以及高时效性的通信网络,确保网管中心和网络设施设备间可以完成数据信息交互。因此,应引入优势更多的无线通信技术来推动电力产业结构升级优化,从而满足智能电网的发展需求。

有线通信技术会受到诸多限制,如地域环境等。基于有线通信技术发展起来的无线通信技术,在演变与完善后,能够实现通信模块组合方式的简化处理,提升通信网络的实际工作效率,从而在智能电网中发挥了重要的作用。

无线通信技术在成本、建设周期、灵活性等方面与有线通信技术相比具有明显的优势。采用无线通信技术能及时有效监控电网中的关键设备,也就使电网系统可以更主动和及时地满足不断变化的情况,从而形成一个高度可靠和具有自我修复功能的智能电网。

二、智能电网中无线通信的优势与不足

智能电网是我国社会进步和经济发展的重要环节,无线通信作为重要的通信方式之一被广泛地使用于智能电网的各个环节之中。无线通信技术之所以能够在智能电网系统中广泛使用,因其相较于有线通信技术有无可替代的优势,与此同时其不足之处也是显而易见的。以下将从优势与不

足两个方面分析无线通信技术在智能电网中的应用。

(一)无线通信技术的优势

首先,相较于传统有线通信技术,无线通信技术拥有更大的覆盖面积,能够保证智能网络建设不受线路影响,确保用户可以在网络覆盖范围内随意使用网络。运用 Wi-Fi 技术,能够实现信号范围内全网络覆盖;运用蓝牙技术,能够实现各种设备间的信息多向交互,满足智能电网设备间的通信需求。

其次,无线通信技术可以以更快的速度传递信息,因此在智能用电管理、远距离抄表作业等活动中都需要采用无线通信技术传输数据,从而有效提高电力系统工作效率。通过无线通信方式传输文件、图片以及数字视频等,不受网络空间限制,能够取得较为理想的传输效果。

最后,无线通信技术无需线缆或导体即可实现节点间的通信传输,能够为移动设备、便携设备等使用无线网络通信提供支持,做到灵活组网。根据不同地域传输距离需求,可以将网络划分为广域网、局域网、城域网等,通过建立传输协议确保各网络间能够安全、规范传递信息。通过剔除网络线路和精简网络设备,可以减少智能电网建设成本和网络通信成本。

(二)无线通信的不足

众所周知,无线通信技术非常显著的不足之一就是易受干扰,这导致在实际使用过程中可能会出现很多不可避免的问题。智能电网系统中,通过无线通信进行信息采集的过程就非常明显地体现了这一点。无线通信在智能电网系统中的局限性体现在多个方面。

为了构建更加智能的电网,越来越多的先进技术得到了广泛的应用。这些应用将采集大量的数据用于进行深入的分析、准确的控制和实时准确的计费等,这也使得通信系统在智能电网基础建设中变得越来越重要。因此,对于整个电网系统的安全、服务质量及效益而言,为电力系统制定通信标准,并确定最佳的通信方式和设备保证数据的可靠性和稳定性就变得尤为关键。

基本上,在智能电网系统中信息和数据流需要在两级信息设备之间传输。第一级是在传感器或其他采集设备和数据终端之间,第二级是在数据终端和数据中心之间。第一级数据流可以通过电力载波或无线通信来实现,如 ZigBee、Wi-Fi、Z-Wave 等;第二级可以采用移动蜂窝网络或互联网来实现。然而,在选择通信方式进行通信系统的设计时,需要考虑这些技术的主要限制因素。

基于这些限制因素,智能电网无线通信技术的应用主要存在以下几方面的问题。

1.恶劣的环境条件

电网自身所处的环境比较复杂,自然环境等外界不可抗力的因素会对智能电网的安全、可靠、高速运行产生极大的影响。当智能电网处于复杂的自然环境中时,低温、高温、雷雨、闪电等都可能对其通信线路运行产生不利,从而容易导致通信受阻、效率较低、通信效果延迟等问题。因此,智能电网对于周边环境质量有着较高的要求,解决恶劣环境的影响,增强防护能力也是当下智能电网迫切需要解决的问题。

2.变化的无线链路带宽

在无线通信中,每个无线链路的带宽取决于接收端所接收信号的干扰程度和误码率的高低,同时电力系统中的空间和噪声环境的复杂性,也会使得无线链路在时间和空间上具有不同特性。因此,每个无线链路的带宽和通信延迟都是有差异的,并且同一条无线链路也是不断变化,这使得无线通信满足通信质量要求的难度较大。

3.有限的资源

从智能电网系统的环境结合无线通信的发展和使用过程来看,资源不可回收、存储能力不足、运算处理能力有限都是始终存在的不利因素,影响着无线通信的实时性、可靠性和稳定性,在智能电网系统中更是这样。在很多情况下,无线通信设备没有可靠的电源供电,仅仅依靠电池、太阳能、风能或感应电能等进行供电,因此无线通信设备需要采用优化的通信协议或低功耗设计保证其可靠性和稳定性,但同时这对其存储容量和处理能力又会产生制约。

4.安全性

信息存储和传输的安全性对于电网自身安全非常重要,特别是用于计费和电网控制方面的信息。因此,为了避免网络攻击,保证电网安全,对于无线通信需要制定比有线通信方式更有效的安全机制。

5.可靠性和适用性

目前供电系统的可靠性已经成为供电企业最重要的服务指标,而老化的电力基础设施和不断增长的能源需求等是影响电网可靠性的主要问题。如何利用有效的通信协议、安全和先进的通信及信息技术、更快和更强大的智能设备及系统,实现对整个供电网络的智能化监控,将在很大程度上影响电力系统的可靠性。尽管有线通信相对于无线通信,其可靠性、安全性和带宽都具有明显优势,但是成本较高。因此,在大规模智能电网的建设中,如果带宽、安全性和成本都满足应用要求的情况下,采用无线通信是一个很好的选择。在综合考虑可靠性、安全性、带宽及成本情况下,也可以考虑采用有线通信和无线通信混合解决方案。

6.可扩展性

智能电网应具有足够的可扩展性,以适应电网运行的发展要求。多功能智能电表、智能数据采集装置、智能控制装置等都需要加入通信网络,因此,无线通信网络在其功能、协议及安全等方面也必须满足智能电网可扩展性的要求。

智能电网无线通信的显著特征之一是可靠性、适用性与可扩展性不足。对于任何实用性系统而言,可用性、可靠性都是排在第一位的,智能电网系统无线通信环境也是如此。在我国智能化电网发展过程中,虽然智能电网的质量正在逐步地完善,但是由于电力系统基础设施依然不能满足需求,电力设备老化严重,其可靠性仍然存在一定的问题。针对智能电网无线通信提高其可用性、可靠性和安全性,需要通过设计安全通信协议、完善安全机制、改善电力设备质量等方式,最终达到提高信息通信技术安全性的目的。

综上所述,无线通信是降低成本,提高速率的重要方式,有线通信转化为无线通信已经成为一种必然,在智能电网系统中更是这样,无线通信势必将会更加广泛地适用于智能电网通信系统当中。但是无线通信在智能电网中的使用也受到多种因素的限制,导致其适用性和可靠性会受到一定的影响,所以需要提高无线通信的设计水平和管理水平,进一步实现智能电网无线通信的可靠、安全、稳定运行,从而提供更加优质的电力服务。

三、智能电网中无线通信实际应用

(一)在电网监控中的应用

智能电网拥有复杂的结构,采用的施工工艺也较为复杂,因此容易对电网的安全运行造成影响。在智能电网运行的全生命周期中,需要依靠无线通信网络采集和传输信息,并实现指令下达,以此满足电网监控需求。在发电环节,运用无线通信监视逆变设备,例如在太阳能发电中对光伏逆变实施无线监测,确定并网发电系统的运行状态,能够为故障分析和处理提供支持。使用采集器获取各种发电设备参数,对发电系统各项数据指标进行合理评估,并通过通信网络反馈告警信息和控制指令,从而实现远程监控和操作。通过沿线布置故障指示器,利用单片机处理电缆温度、电流强度等各种信息,然后利用移动网络将信息传输至监控平台,根据平台控制指令实现故障处理或隔离。

在变电环节,可以通过无线监视的方法获得变电设备的运行状况和周围环境信息,及时确认是否存在异常状况,并根据设定发出告警,启动应急措施,将危害控制在最小范围内。在配电环节,能够通过无线通信方式实现配电网络柱指标监控,将获取的电流、电压等与设定的安全阈值比较,为配电管理提供支持。在用电环节,通过智能电表配备的通信接口将数据传递至采集器后,通过无线网络将信息传输至数据中心服务器,为监控用户用电情况提供支持。

(二)在用电服务中的应用

在智能电网用电服务方面,可以运用无线通信技术进行电能监测管理,确保电力系统能够实现远程抄表和巡检报警等功能,满足用户自助查询耗电量等需求。在电能计费方面,智能电网采用实时计费方式,避免峰值用电需求量过大给电网带来不利影响。为实现这一目标,需要采用无线通信方式将各种用电设备与智能电表连接,在掌握电网供电情况和用电峰值等信息的基础上,合理分析和判断用户对各种设备的用电需求,在夜间等用电量较低的时段对设备进行充电,确保电网稳定供电,并减少用电成本。在电力行业信息化发展背景下,为满足节能减排等特殊用电管理需求,智能电网开始配备各种无线终端进行现场用电管理,能够与电网控制中心通信获得网络状态信息,从而引导用户合理用电。在城市道路照明用电方面,通过无线设备确定道路状况,完成路灯亮暗的自动调节,避免产生不必要的电能浪费。在区域用电管理方面,电网可以通过无线设备单向增加传输电压和功率,确保区域供电平稳。在无线通信技术的支持下,工作人员无须到现场开展抄表等工作,而是能够根据实时用电情况进行电力资源远程调控,从而有效降低智能电网用电管理成本。

(三)在业务开展中的应用

随着科学技术的发展,智能家居、智能城市建设等都离不开无线通信技术的支持。开展各类业务时,需要使用频谱访问、融合以及传感等方式完成信号传输。但在智能电网频谱有限的情况下,需要利用无线通信方式完成频谱动态识别,有效降低频谱租赁成本。

随着频谱接入的设备和网络不断增多,促使无执照频谱用户大量出现。采用认知无线电和动态频谱接入技术,能够为智能网络提供新的无线服务,在频谱资源有限的情况下依然能够进行频谱感测、聚合及访问,保证电网业务信息实现可靠传输。在智能家居建设中,使用智能网关、智能插座等先进设备通过无线网络对空调、冰箱等电器能耗进行监测,获得用电负荷和能耗信息。

在感知电网负荷和实时电价等信息的情况下,可以通过智能管理系统实施科学管理。例如在省电模式下,可以根据电费信息对中央空调冷却状态、温度等进行调节,达到减少设备耗电量的目标。在智慧城市建设背景下,可以根据电网负荷压力合理调节装置充放电状态,在保证电网安全运行的同时有效提高能源利用率。

综上所述,通过分析智能电网电力资源的全生命周期的各个环节,不难看出智能电网中无线通信提供了多种类型的服务,而且凭借其自身的优势,也必将在智能电网中得到越来越广泛的应用。

四、基于智能电网的无线通信技术应用发展

(一)技术应用限制

应用无线通信技术能够提高智能电网的实用性、安全性,但在实际应用过程中该技术也存在一定的缺陷。

在恶劣环境条件下,无线通信将受到雷电、高温等不可抗力因素的干扰,出现通信受阻、传输效率低等情况。此外,智能电网需要利用无线设备

采集和分析数据,通常是通过基站传感器和终端计算机分别实现不同的功能,由于目前基站及终端尚未达到完全物联化的要求,因此需要将数据上传至数据中心才能展开进一步分析。而且,智能电网在配备大量无线设备时,会遇到能量储备不足的问题。尽管无线设备应用成本较低,但在通信可靠性方面仍然存在问题。相较于有线设备,无线设备在信息传输和存储方面提出了更高的安全要求,例如在电网计费等方面强调采取网络安全防范措施,同时采用防护机制提高通信管理水平。如果未能做好电网通信安全防护设计,将给无线技术的应用带来限制。

(二)未来发展方向

针对智能电网的数据采集、控制等设备,应对其无线通信功能进行扩展,确保可以构成稳定的通信网络。针对电网信息通道,还应完成内、外网络的建设,通过形成二元结构保证信息的稳定传输。建设内部网络,用于开展设备检修、视频监控等各项管理活动,并通过外部网络对电网生产、运行等信息进行承载。通过建立双通道,可以通过无线网实现内、外网的连接,确保电网各项通信功能顺利实现。

针对智能电网配备的无线基站,应构建相应的模块,完成多种功能模块的搭载,确保基站能够实现可靠通信。通过平台,能够实现信息传输和处理,同时完成数据存储;通过配备电源、照明等功能模块,提供多个通信端口,能够满足视频会议、网络信息搜索等各项业务的需求。

为保证智能电网数据安全,应引入各种安全技术加强电网无线通信管理。例如针对内、外网络,可以通过设置防火墙、隔离装置等加强物理隔离,也能利用网络安全通信协议建立防护机制,确保电网内部的通信安全。在完成安全边界设置的基础上,加强漏洞检测、攻击检测等安全技术的运用,从而为基础数据传输提供安全保障。

无线通信技术在信号覆盖范围、传输速率等方面具有显著的优势,在智能电网中应用该技术可以较好地满足电网建设发展需求。加强无线通信技术在智能电网运行监控、用电服务管理以及业务开展等方面的应用,在充分发挥技术优势的同时,应结合其在实际应用存在的缺陷进行创新探索,不断提升无线通信技术的应用效果,从而推动智能电网的高速发展。

第三章 智能电网信息安全分析

第一节 智能电网信息安全的内容

一、隐私保护与信息安全

隐私保护与信息安全这两个概念存在一定的关联,但这两个概念并不能混为一谈,两者所侧重的目标并不相同。保证用户隐私数据的匿名性是隐私保护技术所侧重的目标,而保证数据的机密性则是信息安全技术所侧重的目标。信息安全与隐私保护存在包含与被包含的关系,数据的机密性是隐私保护的前提,隐私保护是信息安全的具体体现。除此之外,信息安全这个概念所涵盖的范围更加广阔,它不仅指隐私数据的安全,还包括了音频、视频以及软硬件等多种形式的信息安全。

(一)隐私保护相关知识

隐私保护是指采用一些相关的技术,能够保证个人或者团体的隐私信息不被泄露。如果被保护的对象为个人,隐私信息一般为个人的行为信息以及身份信息,而隐私保护的目的就是有效阻止利用个人的行为信息和身份信息直接查询到具体个人或者间接推测到具体个人的行为和身份。如果被保护的对象为团体时,隐私信息主要是指某一团体各种敏感的行为信息,此时隐私保护的目的就是有效阻止利用某一团体隐私信息,通过直接或间接的方法准确定位到该团体的行为。

受隐私保护的数据的共享有两种情形,一种是为了促进学术的交流发展,一部分企业或组织会将用户数据信息对公众开放,企业或组织会在保护用户隐私信息的前提下对接收到的个人或者学术机构的访问请求进行响应。另一种是作为服务提供者的企业或组织,为了给用户提供更加优质的服务,需要在保证用户隐私数据不被泄露的前提下对用户数据进行采集。为了保证隐私数据不被泄露,国内外专家学者提出了多种隐私保护方案,例如:L-多样化、K-匿名化、同态加密、差分隐私等。

1.L-多样化

如果需要将用户相关数据向公众共享时,为了保证用户的具体隐私信息不被推测出来,对于具有相同标识符的数据,必须对某些敏感数据进行多样化处理。L是指若数据的类型相似时,至少需要保证有L种不一样的敏感属性。L-多样化也存在一定的局限性,例如在数据整体的熵不够大的时候,要想将熵量表示出来,L的取值就必须足够小,并且L-多样化还可能遭受到偏斜攻击、相似性攻击等恶意攻击。

2.K-匿名化

在数据共享的过程中,用户的敏感信息和实体身份之间一一对应的关系是隐私保护的核心目标。目前通常是采用删除具有标识符信息的方法来保证数据共享过程中隐私信息不被泄露,但恶意攻击者依然可以通过链接攻击的方式达到窃取个体隐私信息的目的。为了解决这个问题,研究人员便提出了K-匿名化的方法,该方法通过隐匿和概括技术,发布精细化程度比较低的信息,使得每条记录至少与信息表中其他K-1条记录的准标识符属性值是完全一样的,因此遭受链接攻击的可能性便大大降低。

3.同态加密

与平常的加密算法相比较,同态加密算法除了具有常见的加密算法的加密功能,还具有密文运算的功能,换言之就是先计算后解密和先解密后计算在结果上是等价的。如此一来,同态加密技术既可以实现无密钥方对密文的计算又能保证解密方只能获得最终的结果,提高了隐私信息的安全性。

4.差分隐私

这一技术主要防范的就是差分攻击。差分隐私的主要思想就是:若总共发布Y条记录,需要使得恶意攻击者通过某种方式查询第X条记录和查询其余的X-1条记录获得的结果是相同的,这样,恶意攻击者就无法查询到第X条记录的真实信息。

(二)信息安全相关知识

对于信息安全的定义,存在多种表述形式。国际标准化组织给出的定义为:为数据处理系统的建立以及采取的技术和管理方案提供全方位的安全防护。保证数据以及计算机软件和硬件不因恶意的攻击而遭受泄露、篡改甚至毁坏。美国的电信和信息系统安全委员会从信息安全涉及的内容出发,从四个维度定义了信息安全,即信息设施安全、数据安全、程序安全、系统安全。欧盟在1991年发布的《信息技术安全评估标准》一书中将信息安全定义为:在规定的密级条件下,网络与信息系统抵挡威胁数据存储或传输以及网络与信息系统所提供的服务的机密性、完整性、真实性以及可用性的能力。信息安全就是在不被授权的前提下保证信息和信息系统不被使用、篡改甚至破坏,同时保证信息以及信息系统的可用性、完整性、保密性以及不可否认性。常见的信息安全技术有身份认证技术、加解密技术、访问控制技术、安全审计技术等。

1.身份认证技术

作为信息安全防护的第一道关口,身份认证的目的就是为了验证主体的现实身份与网络中的数字身份是否一致,该过程可分为用户——主机、主机——主机的认证。认证的方法有很多,例如静态密码、短信动态密码、动态口令牌、USBKEY以及生物识别技术等。

2.加解密技术

为了保证数据在传输过程中的隐私性,防止数据伪造和篡改,需要对数据采取加解密技术。常见的加密算法有DES算法、Diffie Hellman算法、ECC算法、RSA算法等。

3.访问控制技术

访问控制技术是一种确保信息系统在授权范围之内被使用,防止未授权用户对任何资源进行非法访问的一种信息安全技术。该技术常见的应用场景主要为信息系统管理员根据用户类型和权限,限制用户对文件、目录、服务器这些关键信息系统资源的未授权访问。为了实现上述目标,访问控制技术需要具备鉴别与确认访问信息系统用户的身份,以及确定该访问用户拥有对信息系统资源访问的具体类型。访问控制可以分为两大类型,一种是逻辑访问控制类型,该类型主要是针对权限、数据、系统、网络等层次进行访问控制,另一种是物理访问控制类型,该类型主要是针对符合访问控制标准的门禁、监控以及设备等进行访问控制。访问控制的类型主要有:自主访问控制、强制访问控制、基于角色的访问控制、基于任务的访问控制、基于场所的访问控制等。

（1）自主访问控制（DAC）

若计算机系统设定的访问控制机制为自主访问控制，则资源的所有者可以根据实际情况详细指定计算机系统中的访客对其资源的访问权限。其中，"自主"一词也表示拥有对信息系统访问权限的用户，可以自主的将其自身具有的对信息系统的访问权限的全部或部分，再次间接的授权给其他的用户。

访问控制矩阵中的具体信息保存在计算机系统中，该矩阵的行表示主体，列表示被保护的客体，矩阵中的单个元素代表的是主体对客体在权限范围内的访问形式。如果将整个访问控制矩阵保护起来会降低自主访问控制的执行效率，目前普遍采用的是基于行或者列的自主访问控制策略。

基于行的自主访问控制的主体有一个附加表，该表格记录了主体可访问的客体信息，同时，该表格又被划分为前缀表、能力表以及口令三种类型的表格。前缀表包含了被保护的客体信息以及访问该客体的权限信息。当主体向某客体发出访问请求时，在自主访问控制模式下，系统将核验主体携带的前缀表中是否具有访问该客体的权限信息。但是，若一个主体同时拥有访问多个客体的权限，则该主体的前缀表的数量将会很多。同时，由于同一系统中客体名称的唯一性，若客体数量增多，客体的名称也会相应增多。上述情况会给前缀表的管理带来极大的不便。能力表记录了哪些主体可以对客体进行访问，同时还记录了各个主体对客体的具体访问形式，该形式主要为只读、只写、既可读也可写等。为了防止能力表的恶意篡改，必须采用软、硬件加密技术对能力表进行防护。能力表也可以在主体之间进行传递，若能力表被传递给另一主体，则该主体将失去对相应客体的访问权限。通过口令可以确认用户的身份，每个客体都拥有一个独特的口令，当主体需要访问客体的时候，就需要通过口令来验证身份。每个客体至少拥有两个口令，分别用来验证读和写的访问控制请求。但是，和能力表有区别的是，客体的口令是静态不变的，而能力表是可以随着客体的变化而动态改变的。

基于列的自主访问控制的客体也有一个附加表，该表格记录了拥有该客体访问权限的主体的信息，分为访问控制表与保护位两种类型。保护位这种方法在实际情况下不能完备地表示访问控制矩阵，故很少应用。而访问控制表却在自主访问控制领域很常见，表中的各个元素包含了某个客体允许访问的主体的身份信息以及访问权限种类。

（2）强制访问控制（MAC）

强制访问控制模型是一个具有多级数据敏感性安全访问控制模型，该模型将数据资源的安全等级以数据的敏感程度来划分。一般情况下，在强制访问控制模型中用户和数据资源的安全等级划分为公开、受限、秘密、机密、绝密这五个等级。在强制访问控制模型中，为了保证数据资源的敏感性和机密性不被破坏，该模型提出了两种规则，分别为向下可读与向上可写。向下可读的意思是，主体不能对安全等级高于它的客体进行读操作；向上可写的意思是，主体不能对安全等级低于它的客体进行写操作。

（3）基于角色的访问控制（RBAC）

上面介绍的DAC和MAC这两种访问控制方法都是访问主体与访问权限直接产生联系，在这种模式下主体访问客体的权限是由主体与客体的所属关系或安全级别来决定。这两种访问控制方法的优点就是实现了权限的集中管理，但缺点也很明显，比如系统资源开销大，对主、客体频繁变动的应用场景显得力不从心。而RBAC创造性地引入角色的概念，削弱了主体和访问权限之间的耦合关系，进而采用主体——角色——权限三元模式，这样一来降低了授权和安全管理的操作难度。RBAC也因此成为最受欢迎的访问控制解决方案。

RBAC模型的核心思想为RBAC模型中的用户的访问权限取决于该用户所拥有的角色集合，换言之，当某个角色被指派给某个用户时，该用户便拥有了该角色所具有的一切权限。

RBAC模型划分为四种类型，分别为RBAC0（基本模型）、RBAC1（角色分级模型）、RBAC2（角色限制模型）、RBAC3（统一模型）。其中，RBAC0模型涵盖了其他类型的模型中最核心、最基本的内容。

RBAC0模型中包含了五个基本的元素：用户、会话、角色、操作、控制对象。在该模型中用户被分配一定的角色，角色获取相应的权限，进而用户就间接取得授权；会话表达的是用户和角色之间的映射关系；操作主要是指增、删、查、改的功能；控制对象指的是系统自身的管理功能。

RBAC模型的最大优势就是实现了用户和权限分离，使得系统的用户和权限可以分别划分处理。这种用户与权限分离的思想使得开发人员开发的访问控制模块具有更强的通用性和可重复使用性，减少了开发人员的工作量。

4.数据库安全审计技术

安全审计是指在采集并记录与信息系统安全相关联的行为的基础上，在安全事故发生之前，将采集到的审计数据进行处理分析，查找出威胁信息系统安全的隐患，在信息安全事故发生之后，通过对采集的审计数据进行安全审计，找出造成信息安全事故的原因。数据库安全审计的原理同安全审计的原理类似，所不同的是数据库安全审计更加注重对数据库数据的信息安全防护。数据库的审计功能开启之后会将数据库用户的一切操作情况自动保存到审计日志中，以便于日后追查相关责任人。因此，数据库安全审计是数据库安全领域不可或缺的一部分。

（1）数据库安全审计基本模型

数据库安全审计基本模型具有数据采集器和数据分析器两个组成部分。数据采集器负责采集数据并将数据保存为日志，数据分析器对采集到的数据进行离线分析，确定安全事故责任人。

（2）数据库安全审计日志格式

审计数据的不可兼容性是困扰数据库审计系统开发人员的一大难题，采用统一的标准格式对审计数据进行格式化处理有助于不同数据库审计系统采集的数据之间进行数据交换，同时也有助于不同数据库审计系统之间的协同合作。目前主流的标准格式有Bishop标准审计跟踪格式、归一化标准审计数据格式两种。

Bishop标准审计跟踪格式认为若要实现跨平台的数据库审计，那么一个兼具可移植性和可拓展性的标准审计跟踪格式是必要的。因此Bishop对审计日志的标准存储格式进行了重新定义，采用此格式存储的日志存在一些域，"#"是域和域之间的分隔符，"s"用来界定开始的符号，"E"用来界定结束的符号。域的数目是可以随机调整的，以此达到增强拓展性的目的。为了解决浮点数值的格式问题，所有的数值全部采用ASICII码的形式进行存储。

为了在一定程度上提高审计跟踪系统的独立性，ASAX的开发人员便提出了一种归一化标准审计数据格式（NADF）。审计跟踪系统所需的数据是排列有序的NADF日志文件，并且任何审计跟踪的数据都可以进行NADF格式的转换。审计跟踪的数据被存储在独立的NADF格式日志记录里,每一条记录由值、长度、识别符这三个域组成。

(3)数据库安全审计数据分析方法

为了能够快速准确地从数量庞大的数据库安全审计数据中追查到事故责任人,全球的专家学者经过广泛的实践,提出了许多行之有效的数据库安全审计分析方法,主要归纳为以下几种。

①数据挖掘分析方法。由于数据挖掘技术可以从大量的数据里发现隐藏的关系与规律,所以,数据挖掘又被称为海量数据里的知识发现。数据挖掘技术自从20世纪90年代被首次提出之后便有了长足的进步与发展,目前数据挖掘技术取得了令人瞩目的成果,并在各个领域广泛应用。

将数据挖掘技术应用于数据库安全审计领域便是具有创新性的应用之一。面对日益增长的数据库安全审计数据,普通的数据分析方法显得束手无策,而数据挖掘技术由于其能够批量处理、分析海量数据的特点,给数据库安全审计数据分析提供了新的方向。经过大量国内外专家学者的实践研究表明,数据库安全审计过程中采用数据挖掘技术,无论是技术上还是理论上都是可行的。实践表明,基于数据挖掘的数据库安全审计数据分析方法具有执行速度快、检测准确度高等优点。目前,针对不同的审计数据找到一种时间和空间效率都高的数据挖掘算法,是无数研究人员孜孜以求的目标。

②神经网络分析方法。神经网络是一种利用现代计算机系统来模拟人脑的神经网络结构和功能,再现人脑的智能活动,然后用以解决现实问题的人工系统。在数据审计的过程中,神经网络是通过自适应学习来提取用户异常行为特征。因此,该方法既可以识别已知的非法入侵,也可以对未知的非法入侵提前预测。

③规则匹配分析方法。规则匹配技术的原理就是将系统已知的入侵记录进行格式标准化处理,当有新的事件产生时,入侵检测系统将自动检索并与已知的入侵记录进行比对。

④专家系统分析方法。专家系统是一款应用在特定场景下的计算机应用程序系统。该系统可以充分利用特定领域的专家多年积累的工作经验和专业知识来模拟专家的大脑思维方式,处理某些需要专家协助才可以处理的问题。专家系统的基本组成部分有五个,分别为:推理机、知识库、解释器、知识获取、原始数据库。

二、智能电网安全需求

智能电网的高度自动化、开放性和共享信息的特点,使得电力企业实现了机构间互动的实时性、市场化交易的及时性等优化电网运营和管理的目的。但是,也正是由于智能电网的如上特性为它带来了信息安全隐患,这些安全问题存在于物理、网络、数据等多个层面。依据对目前国内外电力企业信息系统发展现状的分析,基于对智能电网的发展特点研究,为了在智能电网环境下确保信息的机密性、完整性、可用性、可控性和抗抵赖性,应从物理安全、网络安全、应用安全、数据安全和主机安全等方面进一步加强智能电网中的信息安全。

传统电网与用户之间不存在通信,即使有也只是电网向用户传达控制信息,没有信息的交互。此时的电力信息网络的安全风险和威胁主要来自内部网络和终端,因为那时的电力信息网络还是采用专用通信网络,并且严格与外部网络进行物理隔离。而在智能电网中,数字网络已经成为电网与用户之间双向通信通道,两者之间的信息实时交互,这时直接暴露在用户面前的终端,其受攻击的可能性也大大增加。因而智能电网对网络通信技术、存储技术、信息安全技术提出了更高的要求。

智能电网的通信网采用与公网隔离的电力通信专网。在推进新技术、新产品研发应用和网络模式研究的同时,智能电网必须划分网络区域及主体的应用权重,明确其机密等级和权限,在网络信息传输、存储与处理过程中通过先进的安防手段和安防产品来提高网络的完整性、可用性、可靠性,从而实现电网的可靠、安全运行。

根据智能电网的运营特点,其安全需求主要涉及物理安全、网络安全、应用安全、数据安全、主机安全等方面。

(一)物理安全

智能电网的物理安全是指智能电网系统正常运行必需的各种硬件设备的安全,是智能电网信息安全中的重要内容。物理安全的主要防护目标是防止人为破坏业务系统的外部物理特性,以此达到使得系统无法正常工作的目的;或者是为了防止以物理接触等方法对系统进行的入侵;还应在信息安全事件发生前后能够执行对设备物理接触行为的审查和追查。对于企业来说,无论多么珍贵的数据一般都是存储在物理设备上,这对于物理设备的安全可靠性来说是一个重大考验。物理设备安全则数据有可能安全,如果物理设备的安全性失去了,那么数据的安全性也就没有了最基本的保障。

因此,对于重要的数据应该建立数据备份系统以及容灾系统。对于电力企业来说,物理安全的重要性更是不言而喻。因此,电力企业应根据实际情况建立集中备份与分散备份相结合、双机热备与单机镜像相补充的数据备份体系与制度,并以先进的灾难恢复技术对备份存储介质加以妥善保存。

(二)网络安全

电力信息网包括多个类型的网络,有调度的信息网,有办公的信息网,还有外联的网络。对于不同的网络应设置不同的安全级别,配置不同的网络安全设备。例如,电力调度信息网承载了大量的信息数据,是电力生产的重要网络平台,对安全性的要求相对较高,这就要求配置符合高安全性标准的防火墙、入侵检测系统、安全监控系统、病毒防护系统等。另外,还要在设备的配置过程中符合科学性,既不能使网络的运行速度出现明显降低,又不能让网络出现安全问题。

要保证在电网上的需求,特别是在网络纵向互联时,互联双方是安全等级相同的网络,既要在避免安全区之间的纵向交叉,又要在网络边界采用的逻辑隔离手段。另外,在信息系统网络运行的过程中,应当要充分了解防火墙与虚拟专用网的情况,采用加密、入侵检测等网络防杀病毒先进技术来保障网络的安全。

(三)应用安全

计算机技术的快速发展使得各种应用在电力企业中不断推广,应用安全也成了智能电网信息安全的一部分。在应用安全中,人成了主要的影响因素。关于这方面的问题可以用"内忧外患"来概括。所谓"内忧"就是在企业内部,由于企业员工的误操作或者是某些别有用心的员工的恶意操作导致应用系统出现安全问题。其主要原因在于内部管理控制不严,缺乏有效的安全运维机制,从而导致了安全运维的权限设置不严、权限滥用等现象。而"外患"则主要表现在黑客攻击、病毒入侵等方面。那么,解决这一问题的主要手段是建立有效的安全运维机制,并通过严格的内部管控来最大限度地降低问题发生的概率。

(四)数据安全

数据安全包括两方面:一是数据自身的安全,主要是采用加密算法对数据进行主动保护,如数据加密、身份认证等;二是数据防护的安全,主要是采用现代信息存储技术对数据进行主动防护,如数据备份、双机热备、磁盘阵列等手段。威胁数据安全的因素主要有磁盘驱动器的损坏、人为错误、病毒、黑客以及信息窃取等。由于电力企业的特殊性决定了数据安全防护工作尤为重要,所以电力企业必须通过文件加密、身份认证、访问控制等安全措施来保证文件存储和传输过程中的保密性、准确性和不可抵赖性。对数据防护安全方面则应采用双机容错、磁盘阵列、异地容灾等方式来进行。

(五)主机安全

信息内网中的主机安全主要涉及移动存储设备可能带来的病毒或恶意程序的攻击以及外来用户的非法入侵。由于黑客有可能透过防火墙将黑客程序放入内网进行攻击,因此对于主机的安全防护也要加以重视。主机安全方面主要是对操作系统和数据库的加固,可以采用基础防护、身份鉴别、访问控制、安全审计、入侵防范、恶意代码防范、资源控制、系统备份等手段。

三、智能电网信息安全解决方案

随着智能电网的迅速发展,其安全问题也受到了人们广泛的关注。尽管国际上诸多国家已经对此提出了相关的安全对策,但是总的来说,体系化的、规范化的智能电网的安全标准体系始终没有走向统一的运行。安全标准规范化体系一性、完整性的缺失,将使智能电网在未来的发展中得不到安全性的有效保障,这将是未来智能电网发展所要面临的最为严重的一个问题。在建设智能电网的过程中,电力企业和用户在获得实惠与收益的同时,安全性的新风险也悄然而至。

(一)智能电网信息安全风险分析

1.实现物理隔离的安全性

在智能电网的诸多安全类型中,物理安全非常重要,其内涵意义是指运营智能电网的系统过程中所必备的各类硬件设施的安全性。其中最主要的有对硬件设备方面被物理非法性的入侵的防范、对无授权物理的访问的防止以及严格按照国家的标准构建机房等。其中,主要的硬件设施有流量的智能统计器、各类测量的仪器以及各种类型的传感设施,在通信体系中各类网络应用设施、主机和数据存储的空间。

2.网络的安全

网络安全需要智能电网具备高可靠性。当前智能网络的发展规模急剧膨胀,互联网电网体系逐步形成,复杂的电力系统的结构对电网的安全性和稳定性进行了加强,但其脆弱的防线也成为重大的问题。尤其当前网络环境的复杂性增强,智能化的攻击手段防不胜防。个人用户的网络信息也不断受到威胁,智能的终端始终存在漏洞。

3.数据的安全保障弱、备份能力低

当前尽管对数据的保护以及数据自身安全性的软件很多,但网络的复杂化使得风险市场存在。数据被破坏、被盗取,数据库被侵犯的现状依然存在。智能电网的数据对于整个国家电力系统的运行都是至关重要的,因而必须制度化的、规范化的进行数据的安全措施,以改善当前的状况。

（二）解决智能电网安全的方案

1.边界的安全防护

边界的安全防护着力于有效地控制与监测该边界进出的数据流。检测的有效机制是以网络入侵的检测为基础,在网络的边界进行检测与清除恶意的代码,并对网络进出的信息内容加以滤化。以此来真正实现过滤诸多协议的命令并进行有效的控制,同时对网络的最大流量以及网络的连接数进行限制,提升智能电网的安全性和节约性。

边界以会话的状态和信息为基础进行安全性分析,提升对不良信息的拒绝能力,以单位内允许的访问量来拒绝信息对网内资源的访问,可以实现边界防护这一功能并建设边界的防火墙。因而,必须明确的找出网络区域的安全边界,以此在各个点设置防火墙。

2.网络环境的安全保护

对于我国的电力企业而言,其网络安全问题产生于各个单位的网点。这样的网络大环境下,必须进行安全的防护以保证智能电网的安全性和不断发展。

（1）结构方面

提高各网络设备的性能,提升其对电力业务的处理力度并始终保有大量处理能力的空间。这样,在智能电网面临高峰期的业务阶段时,线路和设备的设置能够满足其繁杂而大量的业务需求。

（2）安全接入方面

必须有效地控制安全接入控制,运用当前最主要的协议类型,实现全网络的控制。对非注册的主机进行控制,使其无法使用网络,从而有效地保护主机。实现资源的安全存储,避免外来信息的非法访问。

（3）安全的管理设备

在网络的设备登录中,必须设置身份的验证,限制管理员的网络设备登陆地址。设置的口令必须要更强、更长、更复杂,同时定时进行变更。对同一用户进行连续登录实行失败次数记录,超过一定次数使进行锁定。

（4）对安全弱点进行扫描

在智能电网内部网络中进行漏洞的扫描系统设定,对网络系统、相关的设备以及数据资料库定期扫描,及时发现系统中的漏洞,防范外来攻击。

信息技术革命推动着智能电网不断地发展,在这个过程中,其信息安全将会面临不断更新的隐患与问题。在整体上而言,智能电网是复合型的网络,其内质构成是相互依赖的电力网络与信息网络。由此可知,信息网络安全性的问题会对电力网络系统安全运行带来重大的影响,其风险是不容小觑的。在未来的发展中,智能电网会不断与更先进的、更新颖的信息安全技术相结合,如技术性加密、防火墙设置以及对风险的检测系统等。

第二节 智能电网信息安全实例分析

一、W供电公司智能电网网络环境分析

本节根据W供电公司的网络架构以及使用的相关设备来进行智能电网信息安全分析,从而以点带面得到智能电网信息安全的共性问题。

W供电公司是一家地市级供电公司,上接省网,下联县、市,起着承上启下的作用。作为一家地市级供电公司,其业务范围大、数量多,对供电可

靠性要求高。W供电公司的信息网络已经渗透到了核心区域,因此,对于信息安全的要求更加严格。

W供电公司拥有十几个部门,按照公司的业务分类,可以划分为生产、营销、财务、办公四大类,公司的信息网也依此划分为四个大区。其中调度网单独成网与省公司直连,不在这四大区范围之内。根据GB/T22239–2008《信息安全技术信息安全等级保护基本要求》和《国家电网公司信息化"SG186"工程安全防护总体方案》的建设要求,将W供电公司信息网划分为信息内网与信息外网。组网方式根据省公司要求采用二级组网模式,即接入层直接通过1 000M或者多1 000M连接到核心。根据W供电公司业务和办公以及对未来网络发展的需要,该核心需要足够高的背板带宽和L2/L3层的包处理能力,并提供设备级冗余。同时,核心还应该具有良好的扩充性,随着用户规模增长,核心设备通过增加模块可以满足带宽需求。接入交换机除了提供10/100M接口外,还应该提供1 000M链路。在二级组网模式当中,核心层设备均应采用双机热备模式,以增加网络的安全性与稳定性。

W供电公司遵从省公司的要求,按照二级组网模式建立信息网络,同时将内外网使用强隔离装置隔离。网络出口处放置高性能硬件专用防火墙,实现互联网和外网的安全保护和隔离。其中,内网为业务办公网络,连接有县级网络、银行、GPRS抄表通道,并将内网划分为营销管理系统域、服务器域和桌面终端域等,在银行、GPRS抄表通道、营销管理系统域、服务器域的链路上安装IPS,并在核心交换机下连接内网审计设备。外网通过防火墙外接电信、联通,内接95598WEB服务器与外网桌面终端域,其中95598WEB服务器处安装防火墙。

在接入控制上,通过手动开关交换机端口已经不能满足当前的业务需要以及安全需要,需要更加有效的手段对设备接入进行有效控制。在对设备的管理上存在密码长度以及复杂性不够、密码的保密意识不够强、网络管理员在机房以外的地方随意登录网络设备等问题。这些问题都严重影响了网络的安全性。

二、主机及应用系统分析

W供电公司的主机系统中主要有Windows和Unix两种,Windows操作系统的安全性和稳定性是其最大的问题,而弥补这一问题主要就是通过系统补丁、防病毒软件以及安全加固措施。这就要求系统补丁、防病毒软件的升级定时化和常态化,安全加固措施要紧跟业务变化,而且针对两种不同的操作系统需要制定不同的安全防护策略。

W供电公司在主机系统防护上存在补丁和防病毒软件更新不及时,口令设置安全性不足,服务器口令保密不严等问题。

在桌面终端上,由于业务的需要,配置了多台计算机,并且分别可以连接信息内网和信息外网,这就存在内网信息泄漏的风险。但是,因为业务的原因又不能将这些计算机撤走,这就需要在内外网计算机上设置一定的安全措施,以阻止内外网计算机的混用,以及文件的随意传送。由于桌面终端的操作系统是以Windows系统为主,而且数量庞大,所以桌面终端的系统安全设置需要统一部署,需要一套可以整体解决这一问题的程序。在应用系统上主要存在应用系统安全、身份认证以及存储保密的问题。

三、安全与分析

根据GB/22239-2008《信息安全技术信息安全等级保护基本要求》和《国家电网公司信息化"SG186"工程安全防护总体方案》的建设要求,省公司和各地市公司对信息网络安全域需根据业务系统等级进行重新划分。

由于应用系统主要部署于信息内网,与互联网有交互的子系统或功能单元部署于信息外网,信息内网与信息外网进行了安全的物理隔离,对于信息内外网将分别进行安全域划分。

按照"二级系统统一成域,三级系统独立分域"方法进行安全域划分,W供电公司信息内网将有以下安全域:

①营销管理系统域:基于营销管理系统的重要性及目前各单位的安全建设现状,按三级保护要求进行安全防护建设;②财务系统域;③二级系统域:所有一级系统统一部署于二级系统域中进行安全防护建设;④内网桌面终端域:内网桌面终端主要用于内网业务操作及内网业务办公处理,其安全防护要求与应用系统不同,因此划分为独立区域进行安全防护。虽然划分为独立区域,但是不同部门、不同业务之间的访问需求各不相同,因此根据实际情况对桌面办公终端进行进一步的区域细分,以便于针对不同访问需求制定访问控制措施。

信息外网存在外网应用系统域和外网桌面终端域。从 W 供电公司网络现状来看，虽然已经初步划分为营销系统域、服务器域和桌面终端域等，但是在域的划分上还不够细致，没有充分考虑不同业务之间安全性的重要程度。而且，各安全域之间在相互访问以及路由的控制上缺乏有效的措施，不能够保障业务系统安全和独立运行，也不能保障不受其他业务系统的影响。

四、印度大停电事故对我国的启示

2012 年 7 月 30 日，印度德里邦、哈里亚纳邦等 9 个邦发生停电事故；7 月 31 日，印度东部和北部地区 20 个邦再次陷入电力瘫痪状态，全印度近一半地区的供电中断，超过 6.7 亿的人口受到了停电的影响，严重影响了正常的生产和社会秩序。印度大停电事故发生后，引起了国际社会普遍关注，问题主要集中在大停电事故发生的原因、影响规模如此大的原因以及事故恢复缓慢甚至连续出现更大范围停电的原因。印度发生大停电事故不是偶然事件，而是印度电力市场改革后电力系统运行过程中的必然事件，是诸多关键事件的链式效应。

此次发生大停电事故既有外部环境因素作用，又与印度电力工业的内部生产运行密不可分。印度过于松散的电力市场结构一直存在安全风险，技术故障的影响则在过于松散的电力市场结构作用下急速扩散，造成了大停电事故。

印度的区域电网网架薄弱，且缺乏全网事故安全控制技术。印度经济快速发展，电源和电网的投资无法跟上电力需求的增长速度，北方电网的 4 个邦一直存在超调度用电的情况。事故发生前，受季风的影响，降水不足，水电厂发电能力大幅削减；同时，受燃料价格上涨的影响，火电厂发电能力也大幅削减。7 月 30 日前，受季风及气温的影响，农灌和空调负荷急剧上升，进一步加剧了超调度计划受电的情况。印度中央电力监管委员会向国家电力调度中心发布停止超额用电指令，国家电力调度中心向各区域电力调度中心传达指令。邦级电力调度中心加强了对发电机组发电能力的调度，但是水电和火电的发电量有限；同时，受邦政府支持超计划从大电网受电以及各配电公司受经济利益驱动，未能采取负荷削减手段，对于区域电网的停止超调度受电指令，邦级调度机构未能执行，区域及上级调度机构也没有直接控制负荷的手段,对各邦超调度受电无法采取措施,使得超调度计划受电的情况进一步恶化。最终,北方电网超载运行,输电线路跳闸,导致电网稳定性破坏,加之电网保护系统脆弱,辖区内主要的火电、水电机组跳闸停机,造成了7月30日的大停电事故。过于松散的市场结构,使得电力供应恢复缓慢。电力供应恢复初期,各邦依旧超调度受电抢占负荷空间,缺乏有序调度,再次造成7月31日更大范围的停电事故。

事故发生的深层次原因分析如下。

(一)外部环境方面的原因

1.资源分布不均

与我国能源分布类似,印度的能源与负荷呈逆向分布,煤炭、水资源以及油气资源主要分布在东部和东北部,主要负荷中心和人口稠密地区则集中在北部、南部和西部地区。因此,印度电力主要为东电西送、北电南送,这就从客观上增加了电力生产和供应的难度,存在安全风险。

2.自然环境及气候异常

在大停电事故发生前,北部电网辖区内的 Haryana、Rajasthan、Uttar Pradesh 和 Punjab 四个邦农灌和空调负荷急剧攀升,受季风气候的影响,水电厂来水不足(以往水电占总发电量的13%),同时火电厂因燃料价格上涨机组发电能力也大幅削减(以往火电占总发电量的78%),因此以上四个邦严重超调度计划受电,为输电线路超过稳定限额造成安全事故埋下了隐患。

(二)内部生产运行方面的原因

1.管理层面

过于松散的电力市场结构,存在投资难、监管难、协调难的"三大难题",每个难题都足以诱发此次大停电事故。

市场结构过于松散,投资难。印度电力管理体制分为国家和邦两个层面。电力监管委员会负责电力监管,印度国家电网公司负责跨区和跨邦电网的建设运营,邦电力公司或电力局负责建设运营220kV以下电网。有些邦的配电公司实施了私有化改革,有些配电公司出售特许经营权。无论是公共电力企业还是邦内的私营电力企业,财务负担都较重,长期存在投资不足的问题,电源与电网建设无法跟上电力需求的增长速度;同时,出于自身经济效益的考虑,对现有基础设施缺乏管理和维护,设备老化严重,直接引发了此次大停电事故。

市场结构过于松散,监管难。在发生大停电事故前,北方电网辖区内4个邦长期超调度受电,印度中央电力监管委员会发布停止超额用电指令,却一直没有有效解决超调度受电的问题。产生此问题的一个主要原因是,各电力市场主体都以自身经济效益最大化为企业生产经营目标,不会主动削减受电量。

市场结构过于松散,协调难。这里的协调难主要体现在电力系统的运行管理和事故恢复上。运行管理方面,过于松散的市场结构下,各企业均以自身经济效益最大化为生产经营目标,即使超调度受电,仍然不顾电网安全挤占负荷空间,给电网安全造成了隐患。过于松散的市场结构下,国家电力调度中心和邦级电力调度中心独立运行,缺少迅捷的信息沟通,难以制定并实施有效的电力系统综合防御顶层设计,使得事故恢复困难;电力供应恢复初期,各邦依旧超调度受电抢占负荷空间,难以实现有序调度,导致再次停电,而且影响范围更广,出现停了又停的情况。

2.技术层面

网架薄弱,易导致系统崩溃。印度区域电网主要以400／220kV电磁环网作为主网架,易引发稳定破坏;跨区电网主网架中,仅通过16回400kV交流和5个直流(容量之和为500万kW)工程实现五大区域电网间的互联,同时以400kV作为最高一级电压等级,输电能力和安全水平均较低;配电网普遍存在容量不足、设备陈旧的问题。因此,局部的故障容易引发连锁反应,导致大面积停电事故的发生,同时各区域电网间缺乏坚强骨干电网,区域电网间相互支援能力不足,造成停电时间长、供电恢复缓慢的问题。

电网保护系统脆弱,不能提供有效安全保障。印度电网缺乏完整的全网事故安全控制技术,电网保护系统脆弱,继电保护以及稳定控制装置动作不合理,线路无序解列,电网中局部的故障无法及时隔离,进而逐步演变成大面积停电事故,最终导致电网崩溃。

印度大停电事故表明,过于松散的电力工业管理模式对于投资建设、调度运行、应急管理等诸多方面都有不利影响。印度国情和能源的分布及利用与我国极为相似:①两国均是发展中国家,经济处于快速发展时期,电力需求增长迅速;②能源资源与负荷均呈逆向分布,需通过跨区输电线路实现电能的消纳。因此,此次印度大停电事故所反映出来的管理层面和技术层面的问题,对于我国电力工业与技术发展具有重要的警示意义和参考价值。

(1)在管理层面,应加强电力投资建设的协调、调度运行的协调和应急管理的协调

①协调电力投资建设。优化电力投资思路,加强电力综合规划的基础研究,提高宏观决策层在电力规划和项目审批等方面的决策能力。目前我国电力工业突出的问题是电源结构不合理,电源投资建设不协调,电源电网发展不协调,项目审批缺乏统筹考虑,投资主体多元化导致电力投资无序发展等。除了不能实现资源的最优配置造成投资效率低下外,如果这些问题不能及时解决,会对我国电力工业的未来发展造成不利影响。应对措施:可通过试点开展研究,改变目前"自下而上、层层核准"的分散式电力项目申报投资模式,构建政府主导下"自上而下"的集中式规划建设模式。这样有助于实现各种能源资源的统筹规划、协同建设,实现能源资源的优化布局、合理调配、高效传输,从而实现区域内、区域间各类能源资源的优势互补,提高我国能源资源的综合利用效率,确保能源与电力的安全稳定供应。

②继续坚持统一调度"三道防线"。统一调度能够确保调度指令令行禁止,避免了印度电力市场中分散调度造成的各级调度机构协调效率低、调度指令执行困难等问题的发生,提高了系统应对突发故障的能力。我国1981年颁布了《电力系统安全稳定导则》,将我国电力系统承受大扰动能力的安全稳定标准分为从保持稳定运行到防止系统崩溃3个等级,对应地设置了确保电网安全的"三道防线"。在局部发生系统失稳时,"三道防线"都能确保及时隔离故障,有效控制系统负荷,防止电网安全事故扩大,最大限度地降低了事故的影响和损失,对保障大电网安全发挥了重要作用。

③构建电力系统综合防御的顶层设计,提高系统应急管理能力。过于松散的市场结构,缺乏有效的电力系统综合防御的顶层设计使得印度电力部门在停电范围扩大之前无法做出正确的反应。考虑到电网企业在电力工业中的枢纽作用,应以电网企业为核心构建我国电力系统综合防御顶层设计,将传统的预案式管理模式提升为主动防御式的管理模式,做到对安全风险的实时监控、提前预测、迅速识别、快速响应、及时恢复,实现电力系

统安全稳定的协调与优化,避免因自然风险、内部局部故障造成大的安全事故的风险。

(2)在技术层面,应加强电力安全防御技术的协调

电网规模的扩大、电网结构上的复杂性、各种新型输电技术的采用、大规模新能源的集中接入及其出力特点也使得我国电网成为世界上最复杂的电网之一,加之各种极端天气频繁发生使得我国电力安全防御难度更大。因此,未来我国电力系统面临多元风险,亟须推进电网安全防御技术的研发与应用。

①坚定推进特高压主网架建设。印度大停电一个重要原因就是电网发展滞后,没有结构坚强、运行灵活的主网架。我国2012年政府工作报告中提到"发展智能电网,加强能源通道建设",我国目前正加快建成以特高压交流电网为骨干电网、各级电网协调发展的坚强智能电网,增强网络支撑、潮流转移和应对连锁反应严重故障的能力,提升了大电网资源优化和安全保障能力。

②提升电力系统综合抗灾能力的相关技术。台风、冰雪灾害等重大自然灾害已成为引发我国多次大面积停电事故的一个重要因素。这就需要重视极端气候条件下电网的安全运行能力,基于各类灾害的发生概率及后果严重程度优化网架结构及路径,关键线路、设备及厂站实施差异化设计,提高抵御严重灾害的能力。

③推广电力系统网络信息安全关键技术的应用。电力系统网络安全关键技术的应用能有效提高电力系统综合防御能力。这就需要构建安全的电力调度信息、电力管理信息网络技术设施;同时制定国家层面的数据采集与监控系统的安全防护框架性指南和配套标准体系,开展智能配电通信技术的研究和试点,保障感知测量节点的数据安全。

④增强分布式能源资源协调规划与整合调度控制技术的应用。在印度大停电事故中,用户自备的分布式发电保障了部分重要负荷的电力供应。目前分布式发电在我国还未大规模应用,考虑到分布式发电所具有的高效、清洁以及可靠性高的特点,如何创造良好的政策环境,使分布式能源资源与大电网集中供电形成有效互补,在供电紧张和事故发生时期发挥关键作用,是亟待研究和解决的问题。

五、基于系统安全的未来智能电网建设关键技术发展方向

(一)我国智能电网发展趋势

发展智能电网的一个核心驱动力就是实现系统的安全稳定运行。印度大停电事故暴露出的管理和技术问题,能为我国下阶段智能电网建设提供重要借鉴。我国坚强智能电网建设以特高压电网为骨干网架、各级电网协调发展的坚强网架,"十二五"规划期间建设"三纵三横"的特高压交流线路以及15回的直流线路,网架薄弱的问题将逐步解决,区域间电网通过加强骨干电网相互支援,将避免类似印度因网架薄弱造成停电且供电恢复缓慢的问题。

与印度相比,我国经济发展水平相对更高,社会对电力的依赖性更强,一旦发生大面积停电,对国家安全、社会经济与稳定及人们生活的影响更加严重。透过印度大停电事故,在更加强调系统安全的背景下,结合智能电网内涵,笔者认为下一阶段,我国智能电网发展应主要集中在配电和用电环节,主要发展技术集中在分布式发电并网、智能配电、智能用电和电力系统储能四个方面。

(二)分布式发电并网技术

分布式发电技术是我国集中能源供应系统的有益补充。在目前负荷集中地区应用分布式发电技术,能够有效满足用户对供电灵活性、可靠性等的要求,同时作为一种清洁高效的发电技术,规模化发展后还有助于实现节能减排的目标;对于偏远地区,利用大电网延伸解决其供电问题成本较高,设计小型单—离网型发电站还没有发展到经济可行的阶段,通过分布式发电技术能够有效解决其电能供应问题。

目前并网困难是我国分布式能源可持续发展的主要瓶颈之一。导致并网困难的关键原因是:①分布式能源发展至今,利益相关方在电力标价等问题上难以达成一致,这一问题主要源于国家对电网公司的现行考核机制——我国的电力行业以发电量和供电量来衡量和考核工作成绩;②国内一些相关法规也增大了突破行业壁垒的难度,例如从严格的法律意义上讲,分布式电源将多余电量直接提供给其他用电主体是违反《中华人民共和国电力法》的,正是由于现存法规的相关规定,其他行业企业的分布式能源所发电量也只能卖给电网公司,否则将会违法,进一步限制了分布式能

源的发展;③受设备一次投资成本及运行维护成本较高的影响,如目前应用较为成熟的"冷热电三联供"分布式发电系统,由于天然气燃料价格高等因素,分布式能源无法达到能与火电上网电价相竞争的程度,因此也很难被电网公司接受;④目前对分布式能源并网技术还没有统一的技术标准和规范,也就是说分布式发电还处于无序状态。

鉴于此,研究我国分布式能源并网的管理模式、价格与费用体系,协调相关主体的利益关系,是未来促进分布式能源并网亟待解决的问题。

(三)智能配电技术

智能配电是一种高度自动化、智能化的配电系统,通过配电数据通信网络、先进传感测量技术、先进保护控制技术、先进量测体系、柔性配电技术及故障电流限制技术等配电技术的应用,为分布式发电、电动汽车等的并网以及用户智能用电提供技术支撑,并满足对电力系统可靠性和效率的要求,具有自愈性强、安全性高、电能质量好的特点,能够有效避免类似印度大停电事故中因为设备故障造成全网崩溃的情况。

智能变电站能够向终端用户发送技术和经济方面的数据信息并且能够接收由"智能用电设施"发回来的数据信息,是配电网连接用户的重要节点。因此,在我国下阶段智能配电网的建设中首先需要完成智能变电站的设计和建设,为用户用电和分布式发电并网提供技术平台;同时,推进用户端智能用电设备等的安装。考虑到我国配电网的建设和运营特点,现阶段应围绕管理输电阻塞、推迟配电系统投资和降低供电中断三个方面的功能来设计、建设我国智能变电站,充分发挥智能变电站在局部能源管理中的协调作用,提高配电网的运行效率,实现整个电力链的最优运行。

(四)智能用电技术

智能用电技术是一种能够合理控制能源消费总量、显著提高电力资源利用效率以及提升电力供需平衡和应急保障能力的有效手段,是智能电网的重要组成部分。从智能电网的角度看,用户的需求是一种可管理的资源,有助于平衡供求关系;从用户的角度来看,电力消费是一种经济的选择,用户根据电力市场信号调整其用电模式,提高用电效率。智能用电技术可以有效减少或转移高峰时的电力需求,时刻保证电力供需平衡,避免由负荷超载引起的电网事故。

随着我国电力需求增长的不断加快,智能用电技术的建设更加值得关注。智能用电技术的建设应主要注意以下两点:①面向智能用电的互动服务系统技术开发及平台建设,与传统电网相比,智能用电要求电网侧对用户侧信息的掌握要十分及时、充分,而且用户侧也可从电网侧得到实时的市场价格和电网运行信息,这种电力用户与电网双向互动的实现需要先进的技术和成熟的商业运营模式支撑,也需要更为灵活和复杂的需求侧管理策略;②将智能用电的思想引入电力系统扩容规划工作中,在智能用电技术中,需要将需求侧资源作为与供应侧资源相同的资源进行分析评估与比选,研究确定采用何种方法来影响用户的用电模式以使得系统的总体运行成本降低或者供电可靠性提高,从而实现从电力规划的初始就开展智能用电工作,这种转变对于我国智能电网的建设及管理具有更为重要的借鉴意义和实践价值。

(五)电力系统储能技术

本书所涉及的电力系统储能技术特指可以策略性地充放电,并为电力系统提供平衡容量服务的储能技术。储能技术的发展有利于大规模间歇式可再生能源的高效综合利用,缓解电网运行的安全压力,增强电网自身的调控能力,满足电力系统运行可靠性与电力供需平衡的要求。

目前我国电力系统的峰谷差日益加大,大规模间歇性可再生能源的并网也给电力系统的安全稳定运行带来了挑战,在推进智能电网建设的同时,大力发展电力系统储能技术是解决这些问题的重要手段。在电力系统储能技术的发展中面临着经济性差、推广难、规划滞后等问题。这就需要相关部门制定相应的政策、标准,协调好各主体的利益关系,重视储能产业的规划建设,引导好储能产业的发展方向,发挥好储能技术平衡电力供需、保证电力系统可靠性的重要作用。

第三节 信息安全在智能电网中的重要性

从近些年国家电网公布的数据来看,我国电力资源使用量逐年上涨,智能电网的应用为提升电网工作效率有重要促进作用,同时也有助于提升电力企业服务质量,但与此同时也会增加数据丢失的风险,电网信息的安全性面临巨大威胁。因此,本着建设高强度电网信息网络的原则,要尽量减少风险,做好防护工作。

一、智能电网信息安全风险产生的原因

智能电网面临的信息安全风险会致使电网系统无法正常运行。从实际情况来看,智能电网信息安全风险产生的原因主要有以下几点。

(一)网络安全边界更加模糊,信息安全风险控制难度提升

为了提升电网运行的精准性和高效性,电网在智能化建设过程中,势必需要应用更多先进的技术手段,全方位提升智能化水平,无线局域网、卫星通信等大大提升了电网运行的智能化水平,同时在多种技术手段的支持下,智能电网出现了多种网络协议,电力通信网络也更加复杂。由于大量用户的融入和参与,在无线通信技术的支持下,窃听、篡改以及破坏智能电网的问题不断增加。同时,在当前智能电网覆盖范围日益扩大的情况下,网络安全的边界更加模糊,一些偏远地区的电力企业为了更好地提升电网运行效率,可能会需要借助无线网络与上级系统形成对接,而这些薄弱环节自然也成为网络黑客攻击的重要切入点。而电力运行业务量和覆盖范围的不断拓展,自然也扩大了这类区域的范围,因而信息安全风险控制的难度大大提升。

(二)用户互动性增强,出现信息安全威胁的概率大

用户互动性增强也使智能电网信息安全风险更加常态化,智能电网管理部门利用新的技术手段提升智能电网交互性和互动性,给予用户更多参与智能电网运行的权限。智能电网在对网络边界进行设定时,也对用户方做出延伸,智能电网中会出现用户与智能电网的电能交互和数据交互。因此,当网络中的不法分子对智能电网进行攻击时,会造成用户私人电脑中的数据信息出现损坏或丢失,甚至会对用户造成严重的经济损失。当用户与智能电网实现电能交互和数据交互时,可能会使智能电网对用户数据的防御功能减弱或消失,病毒会在此时乘虚而入,通过用户对智能电网进行攻击,造成严重的供电事故。当智能电网对用户进行信息采集时,需要使用智能仪表,智能仪表中包含的信息是用户相关隐私及电量信息,当对用户进行信息采集时,可能会使用户的私密信息出现泄露,网络攻击者会对

用户的活动规律进行掌握,从而威胁用户安全。

(三)异构终端复杂化,非法接入风险大

在智能化技术支撑下,智能电网需要配置十分庞大的异构智能化交互终端,这对整个系统的运行和防护来说无疑是困难的。为了保障这种终端有效运行,以网络安全防护边界作为支撑就显得尤为重要。同时,为了提升运行的灵活性和机动性,智能电网还需要满足多样化的业务安全接入需求。在这个过程中,用户如果没有规范操作,或者操作不当,非常容易出现信息泄露、非法接入的问题,甚至出现被网络黑客控制的危险。在这种情况下,除了用户的合法权益会受到侵害,智能电网异构终端也可能面临损坏,即便终端在不断提升自身的安全防控能力,但是随着新技术的出现,这种防控总是存在一定的滞后性,如弱口令、远程服务防控滞后性等问题,这些都成为智能电网现实运行中必须要不断关注的问题。

(四)敏感信息扩容,业务流程多

智能电网覆盖的用户不断增多,服务的内容也在不断增加,其中存在很多敏感信息。敏感信息涉及用户的个人信息,一旦泄露会引发诸多问题。由于敏感信息的扩容,如果在智能电网运行中敏感信息管理不当,信息泄露的风险将大大提升。从目前的运行情况来看,智能电网的信息系统集成度更高,每个环节的对接和融合度更强,每个业务流程之间的联系更加紧密,业务系统和用户之间的动态化交流也在不断加强。整个过程涉及大量数据的采集、存储、传输以及智能化分析等工作内容,任何一个环节管理不当,都会面临数据泄露的风险。在新的发展阶段,这种风险有增无减,特别是一些用户在数据访问时,缺乏安全防护意识,再加上访问权限设置不当,风险出现的概率大大增加。一些业务逻辑设计的不足也让系统中存在的弱势环节暴露无遗,进而造成用户个人信息的泄露。

(五)智能电网系统庞杂,运行超负荷

随着用电需求的提升,智能电网运行负荷在不断加剧。电网系统智能化水平虽然得到了提升,但是整个电力系统更为庞杂,智能变电站系统、配电自动化系统、负荷控制系统等电力监控系统控制功能需要网络通信技术作支撑。长期暴露在网络环境下,很多功能可能受到影响,出现指令被篡改、业务逻辑遭到破坏等风险,进而引发业务故障,停电的风险自然也大大

增加。

二、提升电网信息安全性的意义

电网系统是电力系统正常稳定运行的重要保障,同时也是维护社会稳定、国家安全的重要基础。在电网信息安全管理的过程中,所涉及的范围十分广泛,且应用到的数据也较为复杂,主要包括构建整体框架,推进信息安全运行管理体系的有效实施。在电网信息安全性建设过程中,需要根据电力企业实际运行情况,制定有针对性的策略。信息技术和人工智能的发展,使办公系统不断得到优化,使之朝着自动化、智能化方向发展,但在意识到其便利性的同时,随之而来的也有电脑病毒、信息漏洞等问题,为电网信息带来巨大安全隐患。因此要建立完善的网络安全屏障,做好保密工作,提升电网系统的安全性,使各项制度严格落实到位。

三、智能电网信息安全风险防范的紧迫性

电网在智能化建设过程中,运行模式得到全方位的重塑,在智能化技术手段的支持下,智能电网的运行自动化水平更高,精度要求也更高,对于电网每个环节的运行效率也有更高的要求。同时,智能电网与用户之间具备双向互动性,能够支持用户接入和访问。智能电网采集终端和移动作业终端也在大范围接入,与用户信息的交互性更强,这自然就带来更多信息安全风险。与此同时,在公共性特征日益明显的背景下,智能电网的公共传输需求也在不断增加,特别是在以无线公共网络传输为基础的应用新要求下,电网在运行中有更多的机会接触公共信息,这也增加了被外界攻击和破坏的可能性。现有信息安全问题虽然得到了控制,但仍然存在很大的问题,安全形势依旧不容乐观,这种风险也体现在智能电网信息安全方面。电网的发电、输电、配电、用电和调度等每个环节都突破了原有的限制,更加开放地对接市场,因而也让一些传统的业务内容以及业务结构出现了变化。电网系统在互联网的支持下提供了更多的社会服务,也在不断提升公众的参与程度,在互联网技术的支持下,很多业务的互动化需求不断增加,电网侧和用户侧的交互变得日益频繁,再加上新技术的不断引入,也使得一些新的安全风险不断增多。在我国经济不断发展的背景下,以及人们用电需求量不断增加的情况下,保障智能电网信息安全,降低智能电网信息安全风险,全方位提升智能电网运行水平,无疑具有极强的紧迫性。

第四章 智能电网的信息安全危机

第一节 拒绝服务攻击

拒绝服务(Denial of Service,DoS)攻击是智能电网中一种最为常见、容易实施而危害又极大的攻击方式,攻击者通过系统安全漏洞,使目标资源耗尽而无法响应正常请求。拒绝服务攻击中较为典型的是路由洪泛攻击,攻击者不断向网络中发送正常但无用的网络请求,占用正常的通信信道,使得网络中其他正常请求路由信息的节点无法使用通信信道,最终导致通信网络的拥塞乃至瘫痪。

一、拒绝服务攻击的定义

服务——是指系统提供的,用户在对其使用中会受益的功能。

拒绝服务——任何对服务的干涉如果使得其可用性降低或者失去可用性,均称为拒绝服务,如果一个计算机 系统崩溃或其带宽耗尽或其存储空间被填满,导致其不能提供正常的服务,就构成拒绝服务。

拒绝服务攻击——是攻击者通过某种手段有意地造成计算机或网络不能正常运转从而不能向合法用户提供所需要的服务或者使得服务质量降低。

传统的计算机安全包括三个属性:保密性、完整性和可用性。对于保密性和完整性的攻击可以通过攻击一个东西即密码而获得成功。而对可用性的攻击,则有很多种途径。例如,攻击者可以通过发送大量的数据给受害者,达到拒绝服务攻击的目的,这种攻击在针对 Yahoo、Amazon、eBay等以后受到广泛的关注。如果攻击者可以介入到受害者及相应的服务之间,攻击者无需发送数据风暴即可实施拒绝服务攻击。

分布式拒绝服务攻击——如果处于不同位置的多个攻击者同时向一个或数个目标发起攻击,或者一个或多个攻击者控制了位于不同位置的多台机器并利用这些机器对受害者同时实施攻击,由于攻击的出发点是分布在不同地方的,这类攻击称为分布式拒绝服务攻击。

二、拒绝服务攻击的分类

拒绝服务攻击的分类方法有很多种,从不同的角度可以进行不同的分类,而不同的应用场合需要采用不同的分类。

按攻击目标分为:节点型和网络连接型,前者旨在消耗节点资源,后者旨在消耗网络连接和带宽。节点型又可以进一步分为主机型和应用型,主机型攻击的目标主要是主机中的公共资源(如CPU、磁盘等),使得主机对所有的服务都不能响应;而应用型则是攻击特定的应用(如邮件服务、DNS服务、Web服务等)。

按攻击方式分为:资源消耗、服务中止和物理破坏。资源消耗指攻击者试图消耗目标的合法资源,例如网络带宽、内存和磁盘空间、CPU使用率等。服务中止则是指攻击者利用服务中的某些缺陷导致服务崩溃或中止。物理破坏则是指雷击、电流、水火等物理接触的方式导致拒绝服务攻击。

按攻击是否直接正对受害者分为:直接拒绝服务攻击和间接拒绝服务攻击。如要对某个E-mai账号实施拒绝服务攻击,直接对该账号用邮件炸弹攻击就属于直接攻击。为了使某个邮件账号不可用,攻击邮件服务器而使整个邮件服务器不可用就是间接拒绝服务攻击。

按攻击地点分为:本地攻击和远程攻击,本地攻击是指不通过网络,直接对本地主机的攻击,远程攻击则必须通过网络连接由于本地攻击要求攻击者与受害者处于同一地,这对攻击者的要求太高,通常只有内部人员能够做到。同时,由于本地攻击通常可以通过物理安全措施以及对内部人员的严格控制予以解决,因此将对网络的拒绝服务攻击着重讨论。

三、基于电缆网络的呼叫控制信令对智能电网DoS攻击研究的不足

(一)智能电网DoS攻击下NCS的信息空间和物理系统具有更为繁杂的交互特性

基于电缆网络的呼叫控制信令(NCS),全称Network-Based Call Signaling Protocol,是一种嵌入式客户机标准。在智能电网网络控制系统中,信息

与物理系统的集成更加明显,通信网络与控制系统也是深层次的动态交互过程。DoS攻击使得NCS动力学特性的描述更为困难,进而加重了对NCS动态演化规律分析的难度。因此,要优化NCS的总体性能,就必须对二者的交互加以考虑,以此来实现控制系统控制品质和服务质量的优化。但现阶段的研究,大多没有将DoS攻击和两者联合起来进行研究。

(二)智能电网网络化控制系统通信策略在极大程度上不具有网络安全感知的能力

解决NCS稳定性问题,首要考虑的是控制系统要形成一个闭环。智能电网DoS攻击的存在,进一步影响了NCS时延、丢包等特性,使得控制系统不能构成控制闭环。因此,在设计网络化控制系统的通信策略时,要考虑控制系统本身所具有的特性。已有的一些研究通过大量传输数据来抵消DoS攻击的影响,但不容忽视的是,这会在一定程度上增加网络负荷,降低网络资源利用率,也会影响控制系统的控制品质。

(三)随着智能电网DoS攻击模式复杂性的增加,对NCS稳定性的控制分析也越来越困难

现有对于DoS攻击安全控制策略的研究大多仅考虑了DoS攻击引起的时延和丢包等现象,忽略了随着防御策略的改变DoS攻击也会随着变化的特性。对于DoS攻击和NCS控制策略交互对抗的描述,一些研究人员采取建立合理的博弈论模型作为研究的切入点,但这些博弈论模型很大部分是对称信息下的博弈研究,并不具备DoS攻击对控制系统参数的感知功能。因此,在考虑DoS攻击模式不确定性的情况下,设计合理的安全控制策略是未来研究尚需深入解决的。

第二节 勒索病毒攻击

勒索病毒(ransomware)是近期发展最快的智能电网网络攻击方式,目前已经形成相对成熟的攻击模式。勒索病毒主要通过钓鱼邮件、恶意代码、Web注入等方式散播,系统一旦感染,最初并没有很大的破坏性,通过将关键数据加密后以经济勒索的方式给用户带来损失,这种威胁带来的损失往往无法估量。2020年4月,葡萄牙跨国能源公司EDP(energias de portugal)遭受Ragnar Locker勒索软件攻击,赎金高达1 090万美金。智能电网环境下,勒索病毒在2020年发生的规模和频率相对之前都有极大的增长,目前大部分勒索病毒都无法正向破解和恢复。

另外,犯罪集团在利益的驱使下,勒索病毒不断升级,例如2017年出现的"魔窟"勒索病毒是利用了基于445端口传播扩散的SMB漏洞MS17-010。被感染电脑会自动对其内网关联电脑随机攻击,极易导致该病毒在企业内网大规模爆发,感染电脑中的所有文件将被全部加密且无法打开。

我国很多企业在面对勒索病毒的时候,通常都是选择向对方交赎金的方式来解决,虽然这种方式并不推荐,但是现实中却是只有通过交付赎金的方式才能让企业最快的恢复运转,是解决病毒的最佳方式。然而,从另一个角度来说这更是助长了勒索病毒的威风,使其攻击越加嚣张频繁。

智能电网环境下,云计算数据平台虽然为用户提供了更多数据资源,但在黑客攻击时,将会带来严重后果。云计算环境的数据平台有数据容量大、数据类型多、数据价值密度低的特点,数据保密和安全尤为重要。现有的数据安全识别技术还无法抵挡黑客的攻击,用户安全意识低,无意间浏览非法网站、钓鱼网站,都给计算机安全防护工作带来困难。计算机网络系统的漏洞,给别有用心的黑客带来可乘之机,最终使计算机安全得不到相应的保障。在应用智能电网的大数据时代,如果数据一旦受到病毒攻击,用户的数据会被窃取,从而破坏正常的网络环境。计算机管理者需要建立有效的防御机制,做好安全保障工作,避免造成严重的网络安全事件。

近年来,勒索软件攻击甚嚣尘上,给各行各业带来严重的安全威胁。美国网络安全市场研究公司指出,2021年全球每11秒就会发生一次针对企业的勒索攻击,全年超过300万次,带来损失预计达9 000亿美元。勒索软件攻击方式多样,网络攻击者不仅可以借助传统入侵方式,诸如网络钓鱼、漏洞利用、网页挂马、移动存储介质等,还能通过人工智能的自动化攻击和最新的高强度密码算法技术演进出众多变种,给安全防护带来巨大挑战。

随着软件供应链安全带来的隐患日渐凸显,勒索软件攻击者将攻击矛头对准了该领域。对于网络攻击者来说,软件供应链是一个非常有"吸引力"的目标,因为它们既可以作为攻击的接入媒介,也可以通过供应链中某些安全防护不力的供应商感染具有更大价值的目标。

2021年,IT管理软件提供商Kaseya遭受的勒索软件攻击事件证明了软件供应链攻击+勒索软件攻击的巨大威力。网络攻击者利用该厂商的内部软件漏洞,向其托管服务提供商的客户推送恶意更新,在该客户中招后,攻击者便通过勒索软件感染其供应链中的上下游客户。另一个典型例子是2021年著名的Log4j漏洞,该漏洞的出现给世界范围内处在复杂供应链中的众多企业带来漏洞修补难题。该报告显示,由于复杂的软件依赖性,许多企业仍然无法在其系统中全面发现Log4j漏洞,更不要说修复了,这种情况还将持续多年。

当前,许多企业的团队通过使用第三方组件(更多是开源组件)来加快软件上市时间。但这些组件通常会存在漏洞或被网络攻击者植入恶意软件。

Linux基金会的报告显示,应用程序开发项目通常平均包含49个漏洞,涉及80个直接依赖项(由代码直接调用的组件或服务),而40%的漏洞是在间接依赖项(即直接依赖项的依赖项)中发现的。

一、智能电网环境下勒索病毒如此凶猛的原因

(一)技术层面

现在很多勒索病毒都是通过电子邮件的方式入侵,据统计,通过此种方式的病毒攻击达到70%,所以网关防护就显得非常重要。但是在我国大多数企业中,对网关的病毒防护工作缺乏部署,致使勒索病毒如进入无人之境,快速传播。另外是没有充分利用防病毒软件,有些病毒软件对终端的保护工作做得非常好,可以有效预防病毒入侵,及时修补系统漏洞,但是企业对这些软件没有进行有效利用。还有就是没有运用威胁行为检测设备和应用程式来进行监测,对终端出现的异常行为不能快速地发现并截获,从而让企业信息安全受到威胁。

(二)管理层面

一方面企业在病毒防御这方面有所忽视,没有制定相关的防病毒措施与机制,导致企业面对勒索病毒攻击时束手无策,只能相顾而叹。除了没有制定相关机制外,企业对系统安全信息没有定期查看是否存在异常的情形,不能及时发现企业信息安全存在的问题;也没有进行病毒攻击方面的训练,很少有企业会通过模拟病毒攻击来提升企业信息安全。另一方面是

企业对员工的防病毒管理工作没有做到位,一是企业员工没有开启防病毒软件,因为防病毒软件开启之后会降低电脑的运行效率,为了电脑可以更加快速的运行很多员工会选择不开启防病毒软件,从而导致电脑容易被病毒攻击,并迅速感染公司内的其他电脑;二是没有及时修复漏洞,打补丁程序,使电脑处于危险状态,容易被病毒利用漏洞攻击电脑;三是员工会用电脑访问与工作无关的网站以及下载与工作无关的软件程序,这为企业的信息安全增加了风险,使企业网络很容易受到病毒的攻击。

（三）服务层面

从比特币勒索病毒的情况可以看到一个很明显的问题,那就是当企业面对未知病毒的时候很难快、狠、准地将病毒破解,因此病毒预警机制就非常重要,可以防患于未然。但是我国很多企业的病毒预警机制不完善,特别是缺乏时效性。通常因为企业的运营需要以及舆情压力,在防护工作并没有完成的情况下就将网络开通,这对病毒并没有起到真正有效的防范预警作用。另外,企业的病毒处理方案复杂烦琐,通用性较差,企业在处理病毒的时候不能拿出最有效快捷的方案,从而导致企业在面对病毒攻击的时候不能及时迅速地解决问题,造成企业经济损失,而且最终所提供的处理病毒方案不能对不同配置、不同系统的电脑都起作用,很多时候只是适用一种类型的电脑,所以在大规模进行补丁操作的时候失败率极高,不能切实有效地解决病毒的问题。

二、智能电网中勒索病毒的传播特点

勒索病毒是一种新型电脑病毒,是病毒程序和勒索程序相结合的结果,主要采取网络钓鱼、垃圾邮件、恶意软件植入、恶意捆绑正常软件、移动存储介质、内网摆渡等形式在网络上进行传播。网络用户在访问这些网页时,下载了被伪装成正常程序的病毒并在系统里安装。勒索病毒的传播方式狡猾且隐蔽,先感染服务器,然后通过共享方式在局域网里继续传播,可以导致170多种扩展名文件都被加密,加密算法不易破解,受害者不能再进入系统,只能通过暗网链接付费后,拿到破解密钥才能恢复重要文件。勒索病毒的性质恶劣,给用户带来了严重的后果和损失。智能电网中勒索病毒的传播主要有以下特点。

（一）隐蔽性更强

勒索病毒隐蔽于第三方应用，利用用户对第三方应用服务的完全信任传播病毒，比如微信、QQ、电子邮件、HTML页面等，或借助电子货币、洋葱网络等匿名通信技术劫持受害者。病毒以程序代码或隐含文件的形式存于程序中，只有经过程序代码分析，对代码字节一一分析才能检查出来。

（二）传染性更强

勒索病毒的传播有局域网和跨网传播两种传播途径，在局域网中生成含整个局域网的网段表，然后依次攻击，直到感染全部有价值的文件。跨网传播则生成随机IP地址，发送攻击代码，利用有些防火墙和路由器没有实施安全策略部署，通过无线管理网络，进行跨网段跨省攻击。

（三）攻击手段更多样

利用蠕虫病毒的特征，实现全程自动化攻击，使用U盘蠕虫、WEB挂马、RDP爆破、永恒之蓝漏洞等多种攻击方式，让用户防不胜防。许多勒索病毒与高级网络攻击相结合，单一的防御手段无法抵御。病毒攻击的范围已经覆盖了Windows、Mae、Android、IOS和虚拟桌面。尤其是Windows7、WindowsXP等老旧系统，成为病毒攻击的重灾区，Windows10系统及时发布的漏洞更新使其受到较小影响。

（四）难以破解的加密算法

勒索病毒的制造者为了让用户不能轻易破解密码，采用了难以破解、不可逆的加密算法对数据加密。勒索病毒大多数使用RSA、ECDH等非对称加密算法，有些还采用对称密码算法AES、3DES和RC5，甚至有时还使用其他软件的加密模块进行加密，个人用户根本无法解密自己的文件，只有交付赎金才能拿到解密的密钥，恢复文件。

三、智能电网环境下防范勒索病毒的技巧

（一）技术层面

网关的防护工作对企业来说非常重要，守护好网关，是企业信息安全建设工作的第一步，企业应该加强防病毒网关的部署工作，将病毒拒之门外，保护网络与信息安全。其次是要合理利用防病毒软件，利用防病毒软件对电脑的运行环境进行监测，及时解决电脑存在的安全风险，实现病毒

防护。另外,透过行为监控和应用程式管控进行监测,通过行为监控查看系统内是否出现短时间之内加密大量文件档案的情形以及其他异常情形,进而阻止这类加密动作以防止遭到勒索病毒的侵袭,避免使企业遭到更大的损失。

（二）管理层面

企业管理层面对企业信息安全建设应该加大重视力度,给予人力与资金的投入,并建立防病毒机制与制定一系列防病毒措施,通过严格的防病毒规范确保企业的信息安全,避免轻易被病毒袭击的情况发生。其次还应该定期对企业防病毒系统进行检查,对信息安全情况进行分析,将可能存在的风险及时扼杀在摇篮里,对企业里新添加的计算机设备及时进行防病毒部署,确保企业中防病毒工作面面俱到,毫无遗漏。在信息安全防护工作上还应该有实际演练,进行模拟病毒攻击,从而提高企业对病毒的防范能力,可以在遭遇病毒攻击的时候立即制定有效方案,迅速解决病毒带来的危害。另外,企业管理层要加强对员工的管理,要确保员工开启防病毒软件,让电脑在安全的环境下运行,避免办公电脑被病毒攻击;对电脑的运行情况及时检查,对一些系统及软件存在的漏洞及时安装补丁,对一些非官方的网站不要随意访问,对一些存在较为严重情节的员工进行处分,避免给企业带来安全隐患,受到病毒的威胁。

（三）服务层面

完善病毒预警机制,注意预警的时效性。在执行的过程中,可以考虑企业的实际情况,将一些不需要用的端口关闭,防止病毒入侵的同时也可以让企业工作正常开展。针对445、135还有139这样的共享端口,采取只出不进的策略,这样就保证了网络的开通还避免了黑客利用其攻入公司网络而造成损失。其次是对病毒处理方案进行改进,在制定方案时要考虑方案通用性,保证对各种配置、各种系统的电脑都可以起到作用,切实有效的将病毒破解,保证企业的正常运转。

（四）智能电网中对勒索病毒防护措施

1.禁止重要服务器访问外网

禁止重要服务器访问外网,将保存有重要数据的服务器用内网隔离,增加内部服务器的升级服务。勒索病毒是蠕虫和勒索软件相结合产生的新病毒模式,可实现跨平台跨系统传播,对现有计算机安全防护模式产生重大的威胁。用户需主动防御,层层管理,但内网安全漏洞也很多,勒索病毒也极易从内部发起攻击。"内网隔离是安全的"这种定式思维也是错误的,局域网数据资产和数据价值很大,被攻击后影响很严重。校园、企业、政府机构大都认为内网会更安全,但实际上内网也会受到攻击和感染,主要因为内网安全疏漏更多,防御更不足。最新的病毒变种利用"管理员共享"功能在内网自动渗透,传播速度可达每10分钟感染5 000余台电脑。内网中毒更易引起连锁反应,一台服务器的失守,导致全部计算机被攻陷。内网管理者要注意杀毒软件、应用软件的安装和更新,对内网网段升级隔离,定期检查系统配置是否正确或被篡改,对关键文件定期扫描检查,对显示文件和扩展名为 vbs、shs、pif 的文件进行查杀。

2.严格设定服务器允许安装的应用

勒索病毒利用SMB漏洞攻击,对主机端口进行扫描,被攻击后下载Wanna Cry 木马进行感染,运行后进行交叉感染传播,再使用敲诈者编写的tasksche、exe程序,对图片、文档、视频、压缩包等各类文件采用2048位的RSA算法进行文件加密,然后进行勒索付费。这种加密算法目前没有有效的解密方法,暴力破解需要上百年时间。因此,用户应不在服务器上安装不必要的软件,只安装必要的服务,将无关的应用进行关闭或禁用。

3.防火墙只开放必要端口

防火墙只开放必要端口,设置访问白名单,禁止不明网站和身份的用户访问。对于OA、ERP等对外提供服务的服务器只开放必要端口。在防火墙上创建拒绝策略,勒索病毒利用TCP的445端口和其他关联端口如135、137、139进行感染,因为这一类端口权限较高,可以利用它访问共享文件或共享打印机。系统需关闭445端口的访问权限,在防火墙上设置入站和出站规则,禁止使用文件和打印共享服务。通过细化访问控制策略,细化至IP和端口,核心交换机和汇聚交换机上应配置限制相关风险的ACL。

4.做好远程登录访问的审核控制

不要点击OFFICE宏运行提示,避免来自OFFICE组件的病毒攻击。积极升级最新的防病毒安全特征库IPS,升到最新的防病毒库,识别已发现的病毒样本,进行病毒过滤。勒索病毒具有蠕虫病毒的特征,可以自我复制、自我传播,对主机内所有文件进行,判断文件的扩展名是否存在于病毒内的列表中,如果是,则加入加密列表,遍历后对列表内所有对象进行加密操作。使用监测系统进行流量分析,如果系统产生大量异常流量或是资源占有异常,都可能是病毒在扩散。此时应尽快采取相应措施,即时进行断网或禁用网卡等操作,以尽可能减少损失。应警惕:用户不要打开网页挂马、垃圾电子邮件与恶意捆绑程序,提高安全意识。

勒索病毒的传播原理:攻击者将伪装成盗版软件、游戏外挂或普通推广软件,通过病毒控制服务器,诱惑受害者下载使用,受害者计算机下载、运行病毒模块后被感染,病毒全程自动化攻击计算机系统,通过挖矿法扫描受害者重要数据并打包,然后利用勒索模块加密本机重要数据,加密算法通过现有技术不可破解,攻击者发出勒索信息,索要赎金。

5.使用强口令

勒索病毒最常用的攻击方式为远程弱口令攻击。用户总觉得被攻击的概率很低。事实上,成千上万的攻击者不停地使用工具扫描寻找弱口令设备。勒索病毒利用永恒之蓝漏洞和远程桌面协议等服务弱口令植入病毒。病毒暴力破解各类空口令、字符强度不足口令、重复字符数多口令,以达到入侵的目的。系统应及时使用强口令,并且督促用户和管理员定期更换强口令。

6.做好服务器系统与数据的异地备份

网络技术人员应尽量做好定期异地备份,更换操作系统备份的工作。这些措施可增加网络安全,减少网络安全漏洞,但却无法做到绝对避免病毒感染。因此,做好数据备份是应对病毒的最后一道安全保证。如果备份系统与服务器一同感染了病毒且被数据加密,那备份就失去了意义。此外,可以进行操作系统备份,如果原有系统是 Window server,那么新备份系统可以用 Linux 操作系统,也可以用虚拟机或备份一体机对系统进行异地备份。

四、智能电网中云计算数据平台的勒索病毒防护

历史上出现的一次次病毒攻击,说明了防御病毒之路任重而道远。安全防护体系的建立非常关键,病毒的防范三分靠技术,七分靠管理。

(一)建立必要的黑客防御机制

黑客攻击属于人为操作恶意攻击,是以获利或危害社会为目的的网络

安全问题。黑客攻击对社会危害较大,黑客掌握较高计算机技术,有很强的操作能力,还能洞悉操作系统的各种安全漏洞,令人防不胜防。所以,需要建立黑客防御机制,解析黑客攻击的技术要点,对黑客的入侵方式和入侵企图进行分析,提高反入侵对抗的技术,找出黑客入侵时系统的安全问题。只有对黑客攻击技术达到一个新的认识,才能构建一个对系统有力保障的防护体系。

(二)加强对用户网络安全培训

为了尽可能地避免计算机网络安全问题,加强对用户的网络安全意识的宣传,提高用户的安全防范能力,引导用户定时修补系统漏洞、定期查杀极为重要。提高专业技术人员网络行为规范,有效解决用户的技术困扰,减少因使用不当造成的系统隐患,避免系统受到攻击,为整个计算机网络体系统提供安全保障。

(三)加强系统的监管和提高病毒防范机制

加强系统的监管和网络安全防范力度,根据病毒的特点和传播方式来建立病毒预警机制,引入病毒入侵检测管理技术,加强病毒入侵管理,进行数据流量监测,经常对关键信息进行数据分析和收集,如果出现非法操作,立即用合理手段进行干预。在病毒防范过程中,技术人员也要严格根据安全管理模式进行日常操作和管理,及时更新病毒特征库,建立完整的计算机网络杀毒系统。

第三节 供应链攻击

近年来,智能电网信息通信技术(ICT)的广泛应用促进了相关产业的全球化进程,特别是随着互联网新技术的高速发展,智能电网ICT系统的运行对分布在全球的供应链生态系统越来越依赖,供应链安全也与社会经济生活产生了密不可分的联系,保障了用户的人身和财产安全。不过,供应链中各种可供利用的漏洞也被网络罪犯和黑客所关注,供应链攻击作为APT攻击中常用的技术手段之一,往往比较容易被忽视且难以检测。根据调查发现,APT组织采用供应链攻击主要是作为攻击目标的一种"曲线攻击"路径,即通过对目标相关的供应商或服务商攻击作为达到最终目标的方法。当前,不少国家已经表示对供应链的完整性和脆弱性越来越担忧。因此,APT供应链攻击的防护应对分析,对提升网络安全具有重要意义。

一、智能电网中软件供应链安全现状

软件供应链涉及从设计、开发、运行、维护等软件全生命周期内一系列环节,其复杂多样性导致其安全问题成为挑战。根据云计算开源产业联盟发布的《软件供应链安全发展洞察报告(2021年)》对软件供应链安全的定义,软件供应链安全指软件供应链上软件设计与开发的各个阶段中来自本身的编码过程、工具、设备或供应链上游的代码、模块和服务的安全,以及软件交付渠道和使用安全的总和。悬镜安全发布的《软件供应链安全白皮书(2021年)》关注于软件生命周期包括设计、编码、发布、运营阶段的安全问题。

软件供应链安全问题早在智能电网确立软件开发流程时代就已存在。2004年,微软针对软件开发流程提出著名的软件安全开发生命周期流程,在智能电网中软件开发的不同阶段引入不同的安全措施,以此有针对性的应对软件供应链中的安全风险。此外,微软还从技术和管理两方面提出规范性措施,并发布多种安全测试工具及相关运营管理规范,其前瞻性影响至今。

一般来说,智能电网中软件供应链面临的主要风险包括:在软件开发环节,组件框架存在漏洞、后门,相关的开发工具和环境缺乏安全管控,开发人员安全意识不足等;在软件供应环节,外包开发或外采交付缺乏安全管控,发布环境存在安全风险等;在软件使用环节,软件升级存在代码漏洞,软件使用过程中出现框架漏洞,运行环境存在安全风险等。

时至今日,随着云计算、人工智能等技术的发展,软件的种类愈加繁多,且应用场景也更加多样。其中,开源和云原生是当前软件供应链发展的两大特征。

开源作为软件快速开发的新方式,已成为当前的智能电网软件开发的主流开发模式。然而开源代码在给开发带来敏捷性的同时,也带来更大不确定性。有数据显示,近5年里,开源代码在现代应用中所占比例由40%增至78%~90%,混源开发成为主要模式,平均每个应用包含147个开源组件。与此同时,开源存在的漏洞和缺陷也是显而易见的。奇安信发布的《2021中国软件供应链安全分析报告》指出,超八成软件项目存在已知高危开源软件漏洞,平均每个软件项目存在66个已知开源软件漏洞。另一方面,开源代码的过时版本也加剧了漏洞的危害。Synopsys公司发布的《2022年开源安全和风险分析报告》指出,在2 097个代码库中,85%的代码库里包含至少四年未更新的开源代码,88%的代码库中包含过时版本的组件,5%的代码库含有易受攻击的Log4j版本。

云原生时代下,软件供应链技术迎来飞跃式发展。由于容器、K8S等技术在云环境下的应用,给传统软件开发和交付带来变革的同时,也导致云环境下软件供应链的复杂度大大加剧。例如,云原生下镜像的使用就包括镜像构建、镜像传输、镜像运行和升级、构建平台&IDE、镜像仓库、K8S运行时等内容,其中的每个环节的配置都包含大量的第三方组件,都给软件供应链安全带来极大的隐患。

二、智能电网中APT供应链攻击原理和检测难点

(一)APT供应链攻击原理

APT攻击是网络罪犯或黑客以窃取核心资料为目的,针对目标客户所发动的网络攻击和侵袭行为,是一种集合了多种常见攻击方式的综合攻击。其中,供应链攻击作为APT攻击中的常用手段,其成因是APT组织利用客户对产品或服务的潜在信任而进行的攻击侵入,一旦供应链遭受攻击几乎很难被发现,且想要试图通过召回或升级产品阻止攻击的成本巨大,所需的周期较长。可以说,供应链攻击的优势并非在破坏力上,而在于侵入供应链的覆盖面积和组件的多样性上。目前,对供应链污染的不同环节进行分析比对,发现在开发工具、源代码、安装包下载、升级客户端、厂商预留后门、物流链等环节上,攻击者容易通过这些组件进行侵入并植入病毒,甚至导致百万级用户信息数据泄露、流量劫持等重大危害。近年来影响最重大的两起关于供应链攻击的事件,造成了难以计数的损失:一是美国零售商巨头塔吉特百货的数据泄露,就是由于合作公司的登录凭证失窃所造成的,该事件直接造成7 000万条的用户个人信息和4 000万张的信用卡数据被盗,据估计损失甚至可能达到10亿美元;二是乌克兰的NotPetya勒索软件事件,起因是一款流行的会计软件M.E.Doc被名为NotPetya的勒索病

毒感染而引起的。难以想象的是,NotPetya在全球快速扩散,甚至中断了马士基和TNT这种国际航运和物流公司关键IT系统,给每一家相关者都造成了至少9位数的损失,并对全球供应链安全产生了深远影响。

(二)智能电网中供应链攻击检测难点

伴随着越来越多设备接入网络,供应链攻击愈发难以预防。供应链作为制造业的关键角色,一旦攻击形成甚至可能造成整体目标沦陷,大量设备不可控,使智能电网网络信息安全风险不断提升。从目前来看,造成供应链攻击难以检测的原因主要有以下三个方面。

1.组件供应商涉及面广

多数大型企业都拥有诸多关键数字资产、数字组件和支持系统,这些资产、组件以及支持系统所包含的供应商涉及面广,且没有统一的规范标准进行测试,以至于在检测时难度很大。

2.供应商安全防护能力弱

在传统观念里,生产和传输过程往往是默认安全的,但不少供应链攻击恰恰发生在这些环节中,甚至终端防护也很少对这些环节进行检测,且供应商安全防护能力普遍较低,因此很难检测出攻击。

3.开发人员或供应商安全意识低

由于开发人员或供应商在应对供应链攻击时安全意识低,造成就算出现供应链异常或可疑行为,但依然难以确定造成这些安全漏洞的出现是疏忽大意还是有意为之。

三、智能电网中软件供应链攻击特点

(一)攻击影响范围广

由于软件供应链是一个完整的流动过程,因此在软件供应链上发生的攻击具有扩散性。对于普通的安全漏洞的攻击,其一般发生在单点上,传播能力有限。相比之下,在软件供应链上游开发环节发生的攻击,一旦成功,便会波及整个软件供应链的中下游,对大量的软件供应商和最终用户造成影响。除此之外,随着智能电网中软件的规模变得越来越大,软件的程序逻辑也变得越来越复杂,理解软件的完整语义和掌握其操作逻辑会变得愈发困难。因此,在供应链开发环节,设计缺陷和深层漏洞更难被发现,源代码和开发工具更容易受到外部污染,厂商预留和第三方组建的后门将

会变得更容易隐藏。

(二)攻击检测难度大,持续性强

由于软件供应链攻击依赖供应链上的信任关系以逃避传统安全产品的检查,因此软件供应链攻击具有高度隐藏性。一般来说,经过官方认证的软件添加后门,大部分供应链攻击会受到"合法软件"保护。在不被暴露的情况下,病毒可以不断地访问并攻击新的目标。同时,大多数企业和公司往往认为自己不会在软件供应链的开发、交付环节中被当作攻击的目标,会默认认为供应链上的软件是安全的,因此很难从单一角度检测到攻击行为。除此之外,不少软件供应链攻击者不直接攻击供应商,而是利用供应商来规避公司的网络安全机制检测风险。因此,想要从根源上就检测出攻击行为十分困难。

(三)攻击手法多种多样,数量不断上升

当前,全球互联网环境日益复杂,软件供应链的可攻击面也越来越多,从而衍生出多种多样的攻击手法,这也大大提升了供应链攻击事件的数量。前面已经提到,在软件供应链的开发、交付、使用环节都有各种各样的供应链攻击手法。在开发和交付阶段,开发人员与供应商会随时因为各种原因使软件供应链受到攻击,而站在最终用户的视角从供应链的下游向前看各环节,信息的能见度和安全的可控程度逐渐下降,对供应链上游和中游发生的问题,更是无能为力。因此,攻击者只需要针对软件供应链各个环节的脆弱点实施攻击,就可以入侵并造成危害,即使企业拥有足够的安全意识,从发现安全隐患到解决问题并发布新版本,仍然需要很长的周期,在这期间,攻击者根据漏洞生成的攻击速度会更快。

四、智能电网中供应链攻击防护和应对实践

(一)防御供应链攻击的几种方法

1.通知开发人员学习有关网络攻击的信息

对于供应链攻击,开发人员是第一线。也许人们会通过一年一度的课程或更频繁的讲座来涵盖所有基础知识,然而,真正最有效的是开发人员持续更新有关新网络攻击相关信息。通过使用微培训,例如文本培训或短视频,开发人员既可以获得需要的课程,也可以提高他们的网络安全意识。

2.监控开源项目

《2020年软件供应链状况报告》发现，在2019—2020年间，针对开源代码的网络攻击增加了430%。通过使用对手模拟参与，组织可以直接了解软件在攻击期间的表现。开发人员还可以通过提高库、包和依赖项的可见性和安全性来减少依赖项混淆问题，从而降低开源开发带来的风险。

3.零信任

零信任方法对于降低供应链网络攻击风险至关重要，其假设任何设备、用户或数据都不安全，除非另有证明。这样通常可以减少或消除可能损害供应链的威胁。

（二）外国政府、企业应对智能电网中供应链攻击的对策

鉴于数字化时代各项关键基础设施和重要资源对供应链的依赖，近年来网络安全领域的重点研究方向逐步聚焦到ICT供应链的攻击防护和应对问题上。归结起来，外国政府、企业采取的应对智能电网中供应链攻击的措施主要有两个方面。

1.政府强化政策支持，制定供应链安全框架

伴随着供应链范围的扩大以及相关安全管理措施的落地，以美国、英国、欧盟等为代表的国家开始将供应链安全视为至关重要的资产，并从供应链关键基础设施、开发设计、分发、运营、安全评估等方面制定出台了相关的政策法规，旨在加强供应链安全。

（1）通过禁止和限制使用通信技术和服务来确保供应链安全

2019年5月15日，美国政府正式签署《确保信息通信技术与服务供应链安全》行政令；2019年11月27日，美国政府发布了相关法规草案，草案详细说明了就某些对美国关键基础设施或数字经济造成的网络安全风险，或对国家以及公民构成的风险以及信息通信技术和服务交易中所进行的识别、评估与解决风险程序，从而决定是否禁止交易，以此通过限制信息技术和服务进出口，来确保美国ICT关键基础设施供应链的安全。

（2）通过制定供应链安全评估方法和示例来进行监督和管理

英国作为网络强国，供应链攻击成为影响其国家安全领域的主要威胁之一。2018年，英国国家网络安全中心（NCSC）发布供应链安全指导文件，文件从供应链攻击、管理实践、安全性评估以及改进措施等4部分出发，总结出12条安全规则，旨在帮助从网络、物理、人员安全层面建立对供应链的

监管与控制。

(3)通过完善供应链体系来降低安全风险

从欧盟发布的《供应链完整性》报告可以看出,在数字经济下ICT供应链是否完整正成为各国经济发展的关键要素;报告中还分析了供应链中相关产品从开发设计、分发到运营过程中涉及的风险,并提出了应对建议和措施。美国也提出了构建全球供应链系统总框架,可更有效地根据威胁预警情况调整解决风险的优先次序,抢占应急处置先机。

2.企业缩小自身攻击面,自下向上实施抵御入侵

技术型主流企业Google在应对供应链攻击上建立了一套行之有效的方案,给自己设定的主要目标是"做好自己",即在现有技术下尽可能地缩小供应链攻击面。此外,2017年Google与其他几家技术公司联合推出了名为"Grafeas"的开源计划,该计划的主要目的是为企业建立统一的安全审计方法,并对相应的软件供应链进行管控,帮助企业构建规模尺度上的安全和管理的综合模型,从关键基础设施开始,自下向上,逐步涵盖到硬件、软件、操作规范等各方面。

(1)从开源和自主研发软件出发进行安全审计和审控

将开源软件和自主研发软件同等对待,投入一定的资源寻找零日漏洞,并在安全开发流程中实施安全审计;同时,严格审控自有互联网数据中心的物理安全,要求使用的第三方互联网数据中心的物理安全措施对其完全可控。

(2)对监控基础设施和有权限的管理员进行规范

对基础设施的客户端设备进行实时监控操作,投入一定的资金保证操作系统能够及时、安全地更新到补丁,以此来限制软件安装;同时,鼓励自动化安全可控的方式来进行工作,包括双人审批机制、在排错时使用脱敏的应用程序接口等,并严密监控拥有基础设施管理权限的特殊员工,评估出一些特殊任务的最小权限,以此保证人员层面的安全可控。

(3)服务器主板、网络设备自主设计

谨慎挑选供应链中组件的供应商或服务商,与供应商或服务商一起进行审计,精心挑选所需要的组件,并确认该组件符合所需要的安全属性等。

（三）我国应对智能电网中供应链攻击的对策

1.制定相应的软件供应链法律与规范

相比于国外，我国信息安全领域针对软件供应链的法律法规和监督管理较为薄弱。在2016年11月《中华人民共和国网络安全法》出台的背景下，在制定网络安全保护的法律法规时，增加涉及供应链安全方面的规范条款，对软件供应链的各个环节加以指导和规范。与此同时，加强对软件供应链的各个环节的监管，有效防范软件供应链威胁。进一步加强对软件供应链网络犯罪的打击力度，全面排查和依法打击查处各类软件供应链犯罪活动。统筹协调各行业部门尽快开始针对软件供应链产品的网络安全审查工作，关注软件供应链开发、交付、使用环节的安全风险，不断提高我国软件供应链行业的透明度。

2.降低对国外产品的依赖

国内软件供应链行业的现状是现有的软件供应链产业的核心技术过度依赖进口，底层硬件和基础软件安全领域的研究较晚，防御重心过度向产业链下游下沉。

尽管国内已有企业开始对部分软硬件基础设施实现自主研发，也有企业开始自主研发Linux内核系统，但是对于核心技术的把握，仍有较大的进步空间。因此，我国应当加快推动核心技术突破，提高自主研发能力，重点关注内核、应用程序接口（API）等关键技术，重视软件供应链行业创新能力的突破，关注5G技术、量子计算等新技术可能带来的供应链安全风险。此外，政府应当充分利用各项国家科学基金，持续加大对核心技术和设计工具的研发投入，打破对国外设计产品的过度依赖，降低国外软件和技术断供风险。

3.重视软件供应链技术管理

（1）推进理论创新进程

随着人工智能区块链技术等新型技术的广泛应用，企业应当充分利用新技术对供应链安全理论进行创新。研究供应链安全模型、程序语义理解、智能化软件代码安全分析等理论与技术，利用AI技术分析深度识别网络通信过程中的异常行为，形成面向中大型软件代码的快速理解与安全技术支持能力。

（2）加强漏洞检测水平

在软件发布前，企业应当时刻关注软件供应链各个环节开源库涉及的最新漏洞信息，通过使用开源软件安全审计工具，与已知开源构件和CVE等已知漏洞库，判断软件是否被篡改。在软件发布前，应当利用静态分析工具进行完整的自动化安全漏洞检测，可以及时发现隐藏的安全漏洞，定位恶意植入的后门。

（3）提高安全响应能力

企业应当建立合理的设计框架和资产管理能力，对输入输出、网络传播等敏感过程实时监控，对供应链各个环节的基础资产如APP、服务端软件进行盘点。安全团队也尽量多地对各个维度的行为和数据进行记录，对海量数据进行存储、分析、挖掘和关联，以便更好地发现并解决安全问题。

（4）使用安全信息标准

企业可以将ISO/IEC2700系列国际标准、IEC624443NIST800-82工控系统安全指南作为基础信息安全操作的起点。此外，对信息安全问题涵盖面更广的、基于风险的主动性方法的NIST网络安全框架（CSF），也可以帮助企业评估其IT和OT系统所面临的安全风险。

4.企业将人员管理与技术管理相结合

即便软件本身不存在安全漏洞，供应链内部人员薄弱的安全意识也会给攻击者带来可乘之机。因此，预防供应链攻击的核心依旧是人。据威瑞森最新《数据泄露调查报告》揭示，28%的数据泄露事件起因是供应链的内部人员。因此，提高企业内部人员对供应链攻击的风险意识，提升员工应对供应链攻击的风险防范能力，可以帮助构筑和测试响应计划，并在攻击已侵入的情况下提升恢复速度。

五、针对智能电网中供应链攻击和防护的启示

在智能电网环境下，在万物互联的数字经济时代，伴随着5G、云计算、物联网等新技术的崛起，各行各业都开始进行数字化、智能化转型，网络安全从传统的物理边界防护向零信任安全转变。同时，供应链作为全球物资和服务互相交错组成的复杂而又脆弱的网络，存在着地域跨度大、涉及环节众多、参与主体多样化等诸多特点，极易受到来自内部或者外部环境的安全威胁。针对智能电网供应链攻击特点，在革新安全理念、技术手段，建

立全新的技术防护体系的同时也需要从政策、技术、安全意识培养3个方面入手,切实加强我国智能电网供应链攻击防护体系。

(一)制定专门的供应链安全框架,明确各方在供应链攻击防护中需要承担的责任和义务

在制定专门政策或标准时,借鉴美国、英国、欧盟等国家增加对供应链安全管理的政策条款,通过对进出口许可管理、不可靠实体清单、负面清单等一系列制度的协调统筹,将国际认可的行业标准、操作指南及覆盖面更广的NIST网络安全框架(CSF)覆盖供应链管理的上下游,以此来尽可能保证供应链安全,帮助制造商评估和缓解其在信息及操作系统所面临的安全风险。

(二)将零信任等网络安全新理念列入需要"着力突破的网络安全关键技术",打造无边界网络访问安全系统

在应对供应链攻击上,企业可以遵循"默认不信任,总是验证和授予最少权限"的原则,尽可能地缩小供应链的攻击面;在解决云时代边界防护问题上,为了让应用程序所有者能够对持有的公共云、私有云和内部数据进行保护,可将可信代理调解应用与用户进行连接,以此来保护供应链的安全性和完整性。

(三)持续提升开发人员或供应商的安全意识,为供应链安全态势带来积极影响

通过对开发人员或供应商进行安全培训,改善供应链中每一个环节的安全状况,包括提升供应链涉及人员的整体安全意识,并把安全性评估作为评审项中的必要过程覆盖在整个开发环节中,及时解决发现的最新问题。

第四节 数据与隐私安全威胁

与现有电力系统相比,智能电网可以实现更高频率的基础数据采集。但是这种频繁的数据交互和数据处理会消耗大量的网络带宽,大量的数据在网络中传播,一旦有攻击者从中截获并分析出明文数据,将会极大影响

到用户隐私。与此同时,针对智能电表的攻击也越来越多,攻击者通过破解通信协议,对存储数据和通信报文进行修改,对数据完整性造成破坏,引起系统紊乱,并最终导致电力瘫痪。随着人们对于个人隐私越来越重视,在智能电网中如何保护用户数据隐私同样是至关重要的问题,一旦用户数据泄露,将会导致一系列社会问题。如何在提供方便快捷电力服务的同时,保证数据的完整性和机密性,同样是智能电网中的重要安全问题。

一、减轻数据威胁

关键基础设施的网络安全,对智能电网安全尤为重要。在现代智能电网上,整体实施超级可视控制和SCADA系统的硬件和软件组件,以此监督、控制、优化和管理发电和输电。SCADA系统包括集成新型组件(如智能电表)、网络、传感器(如相量测量单元或PMU)以及控制设备。通过各组件紧密相连,未来智能电网基础设施将容纳可再生能源、电动汽车负荷和存储以及其他元素。然而,在智能电网为社会生活带来便利的同时,可能会出现新的漏洞。迄今为止,黑客已经开始通过互联网渗透美国电网的控制网络和管理设备。2010年8月,计算机蠕虫侵入SCADA系统,感染数千台电脑并试图破坏关键基础设施。

SCADA系统是开展电网控制和监测活动的中央控制中心,它能够获取和存储各种实时电表测量,包括总线电压、总线有功功率和无功功率注入以及电网每个子系统中的分支无功功率流。状态估计在SCADA系统基于控制和监测的能源管理中扮演着重要角色,它通过分析系统参数、功率计和电压传感器等数据来最优估计电网的状态。具体来讲,该功能通过使用电网的电表测量数据来估计未知的系统变量。状态估计的结果用来维持系统的正常状态,从而优化功率流,如提高发电机的电量;还能平衡供应和需求负荷以及确保诸如检测系统故障的可靠操作。

恶意攻击者可能会更改传送到控制中心的数据(如电表读数)。因此,缺失数据完整性会对整个智能电网系统构成巨大威胁,因为系统状态估计建立的能源管理决定可能会因为FDI攻击这种恶意行为而出现极大偏差。实质上,FDI攻击会恶意修改智能电网中产生的数据(传输并存储在SCADA系统中),并可能引发如下两种负面影响。

①如果将数据修改为无法在状态估计中检测出错误,系统可观察到的

状态将会是错误的,而且可能导致电网运营商做出使系统出现安全隐患的行为。

②恶意意图可能无法隐藏攻击。即使检测到攻击,部分系统可能变得不可观察,这意味着状态估计器不能估计电压幅值和电压的状态值,并且输电网将容易受到本地的物理攻击。当物理攻击的后果传播到可以观察到状态的其他部分系统时,可能已经太迟以至于无法避免大部分系统的中断。

数据处理威胁和FDI攻击会明显或隐含地导致重大错误,因为它会损害状态估计中的电表读数(使用功率表电压传感器的数据和系统参数对电力系统状态进行最优估计)或其他智能电网组件。粗略地讲,FDI攻击可以分为以下两类:

①可观察/非隐形攻击:简单的虚假数据的完整性检测算法可以轻松检测到该类攻击,因为只有电表测量数据被更改过。受损数据和物理信息之间的差异可以被控制中心用来检测和报告此类攻击。

②不可观察/隐形攻击(受损的电表读数与物理功率流约束一致)将骗过许多缺失数据完整性的检测算法。

在本节中,笔者总结了智能电网中FDI攻击中潜在的数据操作威胁(特别是不可观察的攻击),提出了最先进的防御机制或对策来检测和处理威胁以及系统漏洞。

(一)解决状态估计中数据完整性的破坏

近来,损坏控制中心的计量表和引入恶意计量已被视为攻击者的攻击手段。例如,在线视频教程向人们展示如何操作电表来削减电费。按照相同的说明,攻击者有可能在智能电网控制中心入侵电表并注入不良测量数据。如果状态估计的结果被这种注入不良测量数据的攻击者篡改,则可能发生大面积区域停电的严重事件。

一些研究人员开发了可识别和处理恶意测量注入的技术,其中大部分技术都是针对任意、相互作用或相关联的恶意测量。最近,学者们对智能电网面临的新型威胁进行了研究。研究表明,攻击者可以注入恶意测量,绕过可观察攻击的不良测量检测并专注于两种实际攻击方案。

①攻击者访问某些特定电表时受到限制。

②攻击者在损害电表所需的资源方面受到限制。

请注意,在上述工作中,假定攻击者知道目标电网配置,并且在用于状态估计之前,可能会将这些电表作为内部人员或之前的内部人员进行操作。虽然这些方案提出了强烈要求,但电气工程师和安全人员也应该意识到将导致灾难性影响的威胁。

攻击者在电力网络拓扑结构和传输线导纳方面信息有限。只有攻击智能电网的信息不完整时才有可能损害状态估计。其中各种电网参数和属性(如断路器开关和变压器分接头变换器的位置)对于潜在攻击者而言都是未知的,并且攻击者访问大部分电网设施也会受到限制。尽管攻击者拥有的信息不完整,但是为了误导运行和控制中心而损害多个电网传感器和PMU的读数被认为是对智能电网的主要威胁。

两个制度对引起状态估计错误有着完全不同的行为。

1.强力攻击制度

攻击者能够访问足够量的电表来实施不可观察的攻击;控制中心无法检测攻击,甚至不存在测量误差。

2.微弱攻击制度

攻击者无法访问足够量的电表;控制中心可以检测攻击,但是由于测量误差,效果并不完美。

从攻击者的角度来看,攻击者无法执行不可观察的攻击。由于攻击者可以选择攻击网络的位置并设计任意注入的数据,因此假设检验不能用于阐述恶意数据检测问题。相反,如果探测器具有足够的数据样本,则性能趋近最佳。但是,探测器需要解决组合优化问题。因此,如果受损电表数量过多,则会由于效率问题而难以运行探测器。

由于在控制中心对大量电表的网络攻击往往不太可能(因为不可观察的攻击需要地域分离的攻击点在时间上高度协调),可以通过有效的算法来查找所有不可观察的攻击,涉及损害两个功率注入表和线路上任意数量的功率表。该算法对于具有n条总线和m条线路电表的电力系统需要$O(n2m)$触发器。如果测量了所有线路,则会发现存在针对标准形式表明电表3、4和5少量且难以察觉的攻击。使用标准图形算法可以快速检测到$O(n2m)$触发器。已知安全的PMU可以反制对网络攻击的任意收集。

某些情况下,同步攻击可能发生在电网的多种电表上以损害状态估计。

（二）解决其他数据操作威胁

1.拓扑结构

作为智能电网运作的重要输入，拓扑结构包括状态估计、实时定价等。攻击者可以通过扰乱智能电网的拓扑信息来部分操纵电网运作。尽管拓扑信息包含电网状态估计的数据，拓扑攻击的行为和目标与之前对状态估计开展的FDI攻击相比可能有所不同。举例来讲，攻击者可能将相连的线路伪装成断开或将断开的线路伪装成相连，以至于控制中心在故障分析、优化调度以及负荷削减方面做出不当决策。并且，由于拓扑信息可用于计算实时节点的边际电价，攻击者可能会修改拓扑估计以实现其盈利最大化。因此，除了状态估计之外，智能电网的拓扑结构容易遭受恶意数据注入攻击。

关注应用于智能电网拓扑结构的中间人攻击，其中攻击者拦截网络数据（如断路器和开关状态）以及来自远程终端单元的电表数据，部分修改该数据并将恶意修改的数据转发给控制中心。与"可观察到的攻击"相似，如果网络数据和电表数据在攻击中不是完全被改变，装有不良数据测试的现代电力系统可能会发现这种不一致性。因此，攻击者被认为通过使用有关系统状态的已知全局信息来修改网络和电表数据（与"目标"拓扑一致），从而成功绕过了不良数据测试。

2.负荷

攻击者可能会对智能电网中电力的产生、输送、控制以及消耗过程发起网络攻击。损害状态估计的确会造成对电力分配和控制的攻击。负荷有可能会被攻击者修改。具体而言，随着需求侧管理的发展以及信息科技逐渐整合到消耗侧，通过互联网以及侵入代理商的分布软件改变特定电网位置的负荷已经被确认为一种新型的网络入侵。这种数据操纵威胁可能会在电网最重要的位置突然增加负荷，然后造成溢流电路或发生故障使电网立即崩溃，或者对输电和用户设备造成巨大伤害。

尤其是，该攻击被称为"基于互联网的负荷变更攻击"，基于互联网的负荷变更攻击是企图控制或改变（通常是增加）可以通过互联网访问的特定负荷类型，从而通过溢流电路或者破坏电力供需的平衡来损害电网。有三种负荷类型可以通过电网访问并且成为负荷变更攻击的目标。

(1)数据中心和计算负荷

数据中心的电力负荷具有高度弹性且依赖于数据中心的计算负荷。相较于计算机服务器的闲暇状态,数据中心的能量消耗在计算机服务器繁忙时会翻倍。因此,数据中心成为基于互联网的负荷变更攻击的合适目标。

(2)直接负荷控制

采取基于互联网的负荷变更攻击时,攻击者可通过损害直接负荷控制信号来操作居民和工业负荷,这些负荷本来是由直接负荷控制程序(最普遍的需求侧管理程序之一,用于需求峰值最小化,改善系统操作,或者最大化服务质量)进行控制的。

(3)间接负荷控制

智能电网中,间接负荷控制允许顾客独立控制其负荷,价格信号由设施发送,例如互联网。根据价格信息并基于每个家用电器的能量消耗做出决策,使能源成本最小化,设备运行完成的时间最小化,或者在成本和时间之间实现完美的平衡。因为价格信息是从互联网获得的,负荷变更攻击可以向自动住宅负荷控制注入虚假价格的数据。改变成千上万个用户的能量消耗程序会造成负荷曲线的变化。

本质上,一些抵御机制有利于阻碍基于互联网的负荷变更攻击或者减轻此类攻击所造成的伤害。这些抵御机制可以保护直接和间接负荷控制中的命令和价格信号,也可以削减负荷,探测攻击,保护智能电表以及重新定位负荷。为了降低抵御机制的应用成本,笔者提出了一种具有成本效益的负荷保护策略,从而使负荷保护的成本最小化,同时能防止电网超载。

总而言之,智能电网基础设施的大部分数据密集型组件中都可能存在数据操纵威胁。如何检测 FDI 攻击(可观察的和不可观察的),并且根除或减轻智能电网的脆弱性已经引起了人们对智能电网研究的浓厚兴趣。作为智能电网基础设施的首要数据操纵威胁,FDI 攻击意图通过窃取多种传感器和 PMU 读数来误导智能电网的决策,从而可以对生成、发送、接收和存储数据的智能电网组件和设备执行 FDI 攻击。譬如,状态估计需要电表中接收的数据分析,因此,从电表中收集的数据将成为 FDI 攻击的潜在目标,容易遭受数据操纵威胁。

二、减轻隐私威胁

如今,大量数据或信息均由商业公司、机构或政府采集并用于分析,从而促进很多行业服务与应用程序的发展。实践中,为了运行对应的服务和应用程序或者获得更加全面准确的信息,数据持有者通常需要将数据分享给其他方。然而,公开分享数据将使个人或机构招致巨大隐私风险。例如,2006年AOL公司出于研究目的公布了其用户3个月以来网络搜索的历史记录,尽管公布数据之前,已经清除了用户的个人账号,但是攻击者仍然能通过搜索信息确认很多AOL用户的身份,然后用户的很多隐私信息和个人行为就被公之于众。同样在2006年,网飞公司公布了其用户的电影评级信息,以适应预测用户电影评级的最佳协同过滤算法的公开竞争。2007年,得克萨斯大学的两名研究人员通过将数据集链接到其他来源(如互联网电影数据库),从网飞公司的电影评级数据中识别出个人用户信息。

此类案例几乎无处不在,例如,医保系统、基于定位的服务以及DNA应用程序。智能电网面临着与上述案例相似的隐私威胁。具体而言,让现代电网系统智能化需要多方之间的信息披露,其中很多通常是不可信的。例如,电力公司需要监管用电量和负荷并决定电费;用电咨询公司需要访问计量信息以促进节能和提高节能意识;营销人员访问用户资料以便精准制作广告;执法人员获取智能电网数据进行刑事调查。所有这些数据访问都可能产生用户在智能电网系统中的隐私数据。准确来讲,电力公司通常从用户那里收集详细的用电量(可能是设备层面),从用电量的多寡可以得知用户的个人行为。

一方面,用户希望用智能电网的应用程序来节约能源和金钱;但是另一方面,他们担心个人隐私信息泄露,因为智能监控设备通过智能计量服务每隔15分钟便将他们实时使用情况传送给电力公司。除了被陌生人了解个人行为模式之外,计量信息泄露可能使用户更容易遭受广告、小偷甚至是抢劫犯的侵犯(例如,犯罪分子可以判定行窃的最佳时间以及可窃取的高价电器)。2010年,埃森哲咨询公司发布的报告表明,来自17个国家的9 000多名用户表示如果电力公司可以轻易获得用户个人消费信息的话,他们则不便使用智能电网(如智能计量)所提供的能量管理程序。因此,理想的情况是,在不损害用户个人隐私和机构专有资料的前提下设计智能电网服务和应用程序,通过隐私威胁、隐私法以及与智能电网相关的最先进的方案来调查智能电网基础设施中的隐私问题。

(一)智能电网基础设施中的隐私威胁

个人身份信息(PII)是指可以单独使用或与其他信息一起使用来识别或定位个人的信息。个人身份信息可以是某个人的姓名、联系方式、生物信息、个人喜好、交易记录、活动或者任何其他个人行为的信息。智能电网背景下,在用户端将任何个人信息与能源消耗情况连接都可以用来识别个人身份。很多用户活动和终端用户组件可能会泄露个人信息给电力公司或其他不可信的各方,例如智能电表、智能家电、动态定价、负荷管理以及用户访问能源相关的信息。举例来讲,智能家电经常与电网通信以共享能源使用的实时情况和家电的状态;动态定价向用户提供现有的和将来的定价信息并允许它们在不同的时间点(如分时计价、峰荷定价、实时定价)修改需求——喜好和响应可以表明个人行为并有助于识别用户。

有关个人身份信息的隐私问题总结如下。

1.身份盗用

个人身份信息组合可能被滥用以冒充电力公司或用户,从而导致潜在的严重威胁。攻击者自我伪装,来伪造负面信用报告,使用欺诈性的实用程序,以及其他损害消费者的行为。

2.判定个人行为模式

详细计量数据中的能源消耗资料或模式直接或间接地披露了用户具体用电次数和不同地点的用电位置。而且,可以从该数据推断出用户活动及其家电的类型。

3.判定使用的具体家电

如果攻击者可以获得详细的消耗数据,就可以轻易推断出用户在特定时间使用的家电。

4.进行实时监控

电网公司收集详细计量数据用于能源管理和增值服务的发展。如果时间间隔变得更短,数据收集可以视为潜在攻击者的实时监控。

5.通过残留数据显示活动

不同家电的电源状态可以显示该信息。

6.住宅入侵

详细计量数据可以显示用户家庭的生活习惯。攻击者可以轻易将某个房屋视为目标,并了解主人何时不在家,然后可能破门而入。

7.意外入侵

与住宅入侵类似,犯罪分子可能毫无目标地闯入房屋,但是能了解不同用户家庭的生活习惯。

8.活动审查

详细计量数据可以显示住宅用户活动。此信息可能与当地政府、执法部门或大众媒体共享。然后,用户可能有被骚扰的风险。

9.基于不准确数据的决定和行为

因为在不同地点存储、收集和分析计量数据,个人身份信息可能会被不恰当地修改。当与其他公司的数据一起使用时,会显示用户的活动内容。

(二)与智能电网相关的隐私法

在很多司法辖区,规制个人信息的隐私法主要围绕个人隐私权和隐私合理期待来展开。譬如,美国颁布了《健康保险流通与责任法案》《金融服务现代化法案》《家庭教育权和隐私权法案》等。在个人隐私受到侵犯的情况下,违法者可能会被起诉。网飞公司的隐私泄露案件之后,4名用户对其提起集体诉讼,声称网飞公司公布数据集(出于研究和竞争目的)的行为违反了美国的《公平交易法》和《视频隐私保护法案》。本小节中,笔者将介绍一些现行的有关智能电网的隐私法。

1.智能电表和《第四修正案》

执法部门需要调查房屋内的犯罪行为,可以使用智能电表数据来追踪日常行为和活动。然后,执法部门在获取该类数据上没有限制。通过建立调查过程中个人隐私权的保护机制,颁布《第四修正案》来限制对智能电表数据的访问或者为获得该类信息设置规则。它保证"人们所拥有其自身、房屋、文件和财物的安全权利不可侵犯,不得进行不合理的搜查和扣押"。根据《第四修正案》的现代理念,当个人对隐私具有合理期待时,执法人员可能无法在未经同意情况下获得智能电表的数据。但是,因为智能电表是尚未经过司法检测的新兴技术,很难根据《第四修正案》来主张处理它的确定性。

2.《电子通信隐私法》

《电子通信隐私法》于1986年制定,以解决有线、口头与通信上的拦截问题。《电子通信隐私法》通常禁止侦听电子通信,但是允许政府采取特定机制进行监督(如果当事人已经同意侦听)。智能电网中,通过智能电网传输用户的详细能源消耗信息属于《电子通信隐私法》下的电子通信。公用事业公司将与所有用户沟通并通过网络持续接收他们的信息(假设用户已经同意)。如果公用事业公司同意执法部门侦听电子通信,监督行为将不会违反《电子通信隐私法》。笔者注意到在某些类型的刑事案件中,法庭命令可以在未经同意的情况下授权智能电网的电子监视。

3.《存储通信法案》

《存储通信法案》(《电子通信隐私法》第二章)于1986年制定,其规定了对所存储的有线、电子通信记录及交易记录的访问。该法案禁止未经授权的人员访问提供电子通信服务的设备;也限制电子通信服务提供商泄露自身所承载或维护的信息。《存储通信法案》为执法机构提供了特殊的机制以获取存储的通信内容。保护和泄露的限制适用于智能电网(如计量数据),因为《存储通信法案》颁布后可能会部署智能电表网络。

4.《个人隐私法》

智能电表的能源消耗情况受到《个人隐私法》的保护。换句话说,《个人隐私法》保护智能电表数据,并且表明此类时间序列的信息是可以识别个人身份的。作为个体信息的组合,智能电表的数据通常存储和链接在用户的账号中(可能包含姓名、社保账号、信用卡信息或者其他个人身份信息)。

(三)将隐私保护嵌入智能电网的设计和实施中

电网系统要形成"智能",如实施高效的能源分配、灵活的负荷管理和动态定价模型,都需要收集和分析智能电网中的大量数据。因此,个人身份信息可能会被智能电网中不信任或不完全信任的对方泄露。迄今为止,主要的隐私泄露威胁是由基础设施中智能电表的详细读数造成的,需要这些读数来监管公用事业公司、用户和其他团体的电网状态。意识到智能电网基础设施中的隐私问题之后,现代智能电网服务开始将隐私保护方案融入设计和实施中。笔者在下文概述了为智能电网设计的隐私保护措施。

1.计量数据的保护

智能电网用户担心其个人信息(如生活习惯)可能会因为频繁收集计量数据而被泄露给其他方。关于计量数据保护的研究即如何在技术上匿名处理详细的电表数据,并且对网络运营、收费应用程序和其他服务不会造成负面影响。增加电表读数的时间间隔可以解决针对特定消费情况下的计量数据的归属问题。然而,此种方式下的限制数据泄露对于许多智能电网服务来说是不可行的。相反,以下技术被证实可以有效地保护智能计量数据。

(1)将计量数据匿名化

将技术数据(如电表读数)与用户ID分开。因此,整体的电表读数甚至详细的能源消耗情况不会与个体产生直接联系。为此,第三方身份担保公司应该参与其中。

具体而言,公用事业公司收集链接到唯一ID而非用户的智能电表读数,读数分为两类:①出于计费目的的低频读数(一周或一个月进行一次读数,这不构成隐私);②高频读数(读数间隔小于1分钟)。请注意,高频读数对于维护基础设施和系统是必需的,而且不一定会链接到真实的用户;低频读数将会发送给公用事业公司和计费公司,高频读数应在下一个变电站进行加工处理(如用于负荷管理),但不会存储在公用事业公司端。这样将两种读数分开的框架,基本的计费服务不受影响,匿名的计量信息仍然可以用于技术维护而不会损害隐私。

(2)混淆计量数据

使用本地缓冲区(如电池)来屏蔽自身的能耗记录。例如,对于一辆电动车,无法从混淆的数据推断出不同时间点单个设备的能量消耗,而总体消耗保持不变。

混淆计量数据的基本原理是在本地安装带有可充电电池的智能电源路由器,个人设备的使用可因此被混淆,家庭负荷峰值会变得平滑和模糊。智能电源管理算法用于混淆家庭的实际电量消耗。初步证明,整合可充电电池并在非周期性间隔中加载/放电可以极大地减少家庭设备状态的信息泄露。请注意,使用可充电电池并不意味着负荷峰值和能耗资料可以完全隐藏,但是可以极大地限制从计量数据推断用户身份。

随机响应模型也会混淆计量数据,从而防止对个体家庭用电模式的推断。

(3)聚合计量数据

在线聚合地域相同用户的数据。例如,公用事业公司可以获得聚合的计量信息而非单个家庭的信息。

智能电表数据聚合原本是为了减少海量信息并为了特定用途提供聚合的(计量)信息。事实上,聚合计量数据也可以降低泄露家庭能耗信息的风险,并已经实现两种类型的聚合。

①空间聚合:计量信息根据地理位置聚合,将较大网格段的总计电表读数传输给诸如智能电网控制中心的数据接收器,而非单个家庭的电表读数。

②时间聚合:在较长时间间隔内将特定电表的单个读数聚合,该读数是收集于单个智能电表(如一个家庭)。正如先前讨论的那样,时间上聚合的计量数据的实用性有限(如只能用于计费)。

聚合信息能够有效地保护隐私,但是在实用性上会产生新的问题。譬如,就空间和时间上聚合数据来讲,依赖于高频读数信息的智能电网服务会很难运行(如动态负荷管理、负荷预测以及能量反馈)。而且,没有详细的能耗信息,则难以检测错误读数或能量窃取。最终,数据从家庭发送出去之前应该加密以防止窃取,执行聚合操作的另一端(如变电站)可能需要解密。实施具有限制信息泄露功能的智能电表服务或应用程序需要付出巨大的努力。

请注意,在任何保护隐私的技术上都需要权衡隐私保护和实用性,包括智能电网。通过权衡隐私保护——实用性来量化智能电表数据所要求的隐私保护和实用性。尝试通过自己的方法尽可能地从用户的个人身份信息中解耦显示的电表数据,这会使数据失真,从而使数据中的间歇性活动最大限度地减少。隐私保护和实用性之间的权衡基于率失真理论得到量化。利用干扰感知反注水解决方案,可以在总负荷上实现隐私保护——实用性的权衡,考虑到存在高功率但较少私有的设备光谱作为隐形噪声,并滤除具有失真阈值的低功率设备。

2.保护隐私的应用程序

除了上述具有有限泄露的技术解决方案之外,密码原语已经被广泛用于智能电网的很多应用程序以构建有效的隐私保护协议,并能保障相对的效率。接下来,笔者将为智能电网中这类保护隐私的应用程序介绍一些典型的案例。

能源使用的汇总数据可为智能计量辅助的可持续能源系统(如家庭用

电、水、天然气、智能车辆等)带来智能,有两种保护隐私的方案在保护用户隐私的同时安全收集汇总的数据。两种保护隐私的方案是基于计量读数的汇总数据信息的动态分析应用程序。

第一种方案可以提取汇总的数据信息。例如,该方案使聚合器能够从提交的个别反映中提取累计信息并且可以私下回答统计问题,例如,"室温25℃时总能耗是多少?"

第二种方案在不同因素之间为智能系统设计提取相关信息。例如,方案能有效回答多因素结合的问题,"当年收入高于10万美元并且室温是25℃时,多少百分比的用户平均消耗多少能量?"该方案也可以用作基础推理和关联规则挖掘的基础工具。该系统同样提供一种机制,用于验证用户反映的正确性,这可以从计量信息中推导出来。此项协议是基于密钥分布协议制定的。

随着智能电网的快速发展,车辆到电网(V2G)成为智能电网的重要组成部分,应定期收集或持续监控电动汽车的充电状态,从而执行有效的功率调度。电动汽车通常与作为电网运营商或机构的默认兴趣组相关联。在V2G网络中,智能电网系统提供服务时可能会产生隐私问题。

具体而言,电动汽车可能在属于不同团体的不同区域内移动,因此对安全性、隐私和认证都有要求。第一种方案有效地保护个人隐私,同时定期收集电力状态数据,即电动汽车有关能量的状态信息(如充电效率和电池饱和状态)。该方案的作者为所提出的方案提供了有力的安全证据,包括数据机密性、完整性、可获得性、双方认证、前向/后向安全性以及隐私保护。

总之,隐私保护日益融入智能电网服务的设计和实施中,在个别智能电网组件层面(终端用户、配电、发电)防止侵犯隐私。针对上述三个组件,智能电表(远程连接/断开电表、旁路电表检测装置、数据收集、通信和存储与公用事业运营商通信的家用电器、向用户传达使用信息的家用设备、用户访问能源相关的信息和自动馈线设备)、故障检测、负荷管理以及插电式混合电动汽车等已经解决了隐私问题。但是,为迎接将来的隐私挑战,隐私保护方案仍值得探索剩下的问题。

第五章 智能电网信息安全的防护措施

第一节 基础安全防护

对于任何一套信息系统,入侵检测、防病毒软件、防火墙等传统安全防护措施都必不可少。入侵检测系统(intrusion detection system,IDS)通过对网络状态和系统使用情况进行监控,实现对系统网络和系统运行状态的实时检测和及时响应,以防范各种网络入侵行为;防病毒软件侧重于对各类恶意代码的检测和防护,通过对系统运行状态进行实时监测,及时检测和防护恶意软件程序,主要包括病毒和木马;防火墙(硬件或软件)根据网络通信安全策略控制出入受保护网络的信息流,从而在内部网络和公共网络之间建立一道安全防护屏障。

一、智能电网用户侧信息安全风险

智能电网用户侧信息安全风险主要有以下四个方面。

(一)个人信息泄露风险

用电过程中,电网侧将采集大量细粒度的用户侧数据,用户数据不仅局限于用户内部,而且向电网侧开放,因此信息采集、传输、存储的风险大大增加,任何一个环节存在漏洞或遭受攻击均有可能导致个人信息的泄漏。

(二)电能计量及费用补偿安全风险

智能电网中电能的计量方式更加多样,如峰时段电价、谷时段电价、平时段电价、分布式电源上网电价等。与传统的单一电价计费相比,智能电网的电能计量更加复杂,需考虑时间、电能流向等因素,复杂性的增加使得其鲁棒性变低,承受的安全风险也更大。

用户参与电网的需求响应需要一定的激励措施,其中一种措施是直接对参与需求响应的用户进行补偿,一般需要与用户签订相关合同,规定需求响应的具体内容及违规的惩罚性措施等。在这之中需要确认用户需求响应的开始时间、结束时间、单位时间响应次数、负荷减载量大小等信息，并将此作为给用户提供经济补偿的依据。智能电网用户侧遭受攻击后可能会使上述信息发生错误或缺失，有可能导致电网和用户之间经济上的纠纷。

（三）设备控制风险

传统电网用户侧设备的控制权只属于用户本身，但是在智能电网背景下，电网侧在某些情况下可直接控制用户侧的部分设备，用户须开放部分设备的控制权限，这有可能导致用户侧设备遭受非法控制，给用户的生命财产安全带来威胁。

（四）电网安全边界模糊化

传统电网为了保证电力系统的信息安全，采用"专网专用、安全隔离"等方式，但在智能电网中，电网侧与用户侧的互动大大增加了，电力信息网不断向用户侧延伸，某些情况下需借助用户内部自有网络，实现精确到设备的能耗信息采集及负荷控制。此时，电力信息网络不再具有明确的边界，其可能遭受来自外部网络的各类攻击，用户侧网络的信息安全将会对整个智能电网造成影响，使得智能电网面临的信息安全风险大大增加。

二、智能电网用户侧信息安全需求

（一）能源管理系统安全需求

根据信息安全基本理论，信息安全主要包含以下四个方面：保密性、可用性、完整性和不可抵赖性。根据智能电网用户侧能源管理系统的特点主要着重以下几个方面。

1.保证机密性

为了进行能耗分析和节能管理，用户侧能源管理系统中保存着大量的用户侧能耗数据，通过这些数据可以了解用户的能耗、负荷类型等信息。虽然表面上这些数据仅涉及了用户的能耗信息，但是随着数据挖掘技术和人工智能算法的发展，一旦数据被泄露，他人便可以从用户能耗数据中挖掘出涉及用户个人隐私的信息，如用户的生活作息规律，用户是否出行等，这会对用户的个人生活及财产安全造成影响。

在用户侧能源管理系统中机密性可分为两方面：一方面要保证数据传

输过程中的机密性,国家能源智能电网用户端电气设备研发中心推荐用户侧采用专有的局域网与子系统进行通信以保证数据传输安全。另一方面为保证数据存储安全,与数据传输安全相比,一旦发生数据存储安全问题将造成当前和历史数据的泄露,数据量更大,危害也更严重。由于智能电网用户侧能源管理系统支持用户或第三方通过外网进行远程访问,因此更易发生大面积数据外泄,保证数据存储安全在用户侧能源管理系统中显得尤为重要。

在用户侧能源管理系统中,保证数据机密性需要从两方面着手,一方面在通信过程中,通信双方必须利用会话密钥对本次会话内容进行加密,防止遭受第三方的窃听;另一方面,要保证数据库的安全,对数据进行加密存储。

2. 保证不可抵赖性

用户侧能源管理系统包含若干子系统,可实现用户远程控制的功能。能源管理系统通过能耗分析、能耗管理可为一定区域的用户提供能源管理服务,同时用户侧能源管理系统又向第三方平台作有限制的开放,因此用户侧能源管理系统可以看作是一个多方参与的系统。用户可以远程控制户内设备实现家庭自动化,能源管理系统在执行用户侧节能方案时也可获得用户部分设备的控制权限,第三方平台(如需求响应平台)在进行需求侧管理时在特定情况下可采用直接负荷控制(direct load control, DLC)的方式控制用户部分设备。用户侧能源管理系统多方参与、多方控制的特点使得不可抵赖性显得尤为重要。必须要确认用户侧设备的控制指令的实际下达者,当因控制指令不当造成用户财产损失或发生事故时可据此进行事故问责,避免事故发生后各方的推脱和抵赖。

保证不可抵赖性的主要方法是数字签名,目前数字签名主要分为两种:一种为直接数字签名,通过自身特质来保证签名的真实性,不需要第三方的参与;另一种是借助可信第三方来进行数字签名,通过第三方机构的仲裁来保证签名的真实性。在智能电网用户侧能源管理系统中需要综合考虑计算代价、计算资源消耗等各类因素选择合适的数字签名算法。

3. 保证数据完整性

数据完整性是用户侧能源管理系统信息安全的重要一环,如果不能保证数据的完整性将会对用户侧能源管理系统造成一系列影响。用户侧能源管理系统的一项基本服务是进行用户侧能耗分析,辅助用户节能,如果不能保证数据的完整性将会使能耗分析的准确性下降,造成节能效果不明显,甚至可能会导致能耗上升。用户侧能源管理系统的数据向第三方平台开放以开发出更加多样的用户侧服务。第三方平台一般隶属于电网如主动配电网管理系统、智能需求响应系统等,如果不能保证数据的完整性将会对电网的运行调度产生影响。

保证数据的完整性主要从两方面着手:一方面在数据接收时对数据进行完整性校验,主要方法有奇偶校验法、CRC校验法和基于杂凑算法的摘要值校验法;另一方面需要保证数据库的安全,防止历史数据丢失。

4.引入认证与授权机制

用户侧能源管理系统的服务对象众多,其拥有的权限不同,如能源管理系统所在区域内的用户只能访问涉及自身能耗情况的相关数据,第三方平台在访问能源管理系统时访问的数据应当以区域整体能耗情况为主,涉及单个用户能耗时应当隐去用户的身份信息。为此,有必要采取身份认证等切实可行的手段防止非法用户对用户侧能源管理系统的访问,同时根据访问者的身份为其授予相应的权限。

(二)用户侧子系统安全需求

1.设备认证

设备包含通信类设备和负荷类设备。当对用电负荷进行认证时,实质上是对负荷的通信模块的认证,对于不具备通信能力的设备,可以通过认证智能插座之类的外部附加模块的方式来完成对用电负荷的认证。设备认证首先应当保证合法设备的安全接入,用户侧子系统类型众多,构成复杂,设备功能、标准不一,为了保证设备的合法性,应当设立一个合理的设备注册与登记机制。纳入能源管理系统管理范围中的设备首先要进行注册登记,检验设备是否满足其设立的接入标准,若符合标准则记录设备的网络地址、ID、设备类型、所有人等信息;未经注册登记的设备,不属于能源管理系统,无法接受能源管理系统的调控。注册登记机制的引入一方面保证了接入的设备符合相应标准,另一方面也方便了能源管理系统的统一管理。设备认证的另外一个要求是防止负荷类型冒充,虽然引入设备注册与登记机制可一定程度上防止外部非法设备的攻击,但是该机制无法防止内部攻击,其中负荷类型冒充是内部攻击的主要手段之一。能源管理系统制定节能方案需要判断用户的负荷构成,根据环境信息及用户设定制订合理的节能计划,负荷类型冒充会导致负荷构成判断错误,如热水器冒充电饭煲,热水器为HVAC类设备可接受调控,而电饭煲无法接受短时的中断供电,无法接受调控,这就会影响节能策略的制定。设备类型冒充也会对电网判断用户侧负荷构成造成干扰,影响电网需求响应策略的正确制定。

在实际操作上,为了减轻能源管理系统服务器的负担,可采用层级认证机制,即子系统网关与子系统内设备进行双向认证,能源管理系统主站与子系统网关之间进行双向认证。

2.保证子系统的信道安全

用户侧子系统分散在各类用户内部,采用的通信协议具有多样性,无法像上层的能源管理系统一样建立统一的基于以太网的用户侧网络,短期内完成子系统通信协议的标准化、统一化是比较困难的。其中有两个原因,一方面子系统一般隶属于用户自身,部分用户有独立控制的需求,进行标准化改造涉及产权问题,实施起来困难较大;另一方面,目前的标准还不完善,以SEP2.0为例,其主要是对交互接口、数据模型作规定,对于通信协议并没有限制,相反,为了保证兼容性,其支持Zig Bee、WiFi、基于IEEEP1901的电力线载波等主流通信技术。

用户侧通信协议的多样性导致其无法采用统一的安全机制来保证子系统的信道安全,这就使得子系统信道安全往往由所采用的通信协议自身的安全机制来保证。为此应当从两方面着手,一方面通过对系统的合理规划,尽量减少信道数量,降低信息被截获的风险;另外一方面,在选用子系统通信方式时,应当权衡利弊,在成本、便利性和安全性间做出选择,在条件满足时应采用安全强度较高的通信协议,应尽量避免采用无加密措施的通信方式组建用户侧子系统网络。

(三)用户侧整体安全框架

能源管理系统的直接交互对象主要有三个,分别为用户、外部平台以及子系统网关。为了保证能源管理系统的安全,必须对三者进行身份认证。能源管理系统中的用户首先须进行注册,完成身份的初步验证,用户和外部平台在访问能源管理系统时还需根据其身份的不同为其开放不同的权限。此外能源管理系统还具有安全审计的功能,以记录访问者的各类操作和行为。能源管理系统还需对子系统网关进行身份认证,能源管理系统并不直接面向用电设备,而是通过子系统网关完成子系统中用电设备的信息采集以及远程控制,因此子系统网关的重要性不言而喻,保证子系统网关的安全接入,对其实现可靠的身份认证非常必要。

用户侧子系统信息安全的工作重点主要包括两方面,一方面对用电设备进行身份认证,防止设备类型冒充情况的发生,用电设备身份认证由子系统网关负责;另一方面,考虑到用电设备在和子系统网关进行通信时大都采取无线方式,信息面临被截获的风险,因此缩减信道数量,采用安全强度高的通信协议是保证子系统信息安全的工作重点。

三、相关安全技术

(一)对称加密技术

在对称加密体制中,双方的加密和解密密钥是相同的,也称之为单密钥加密。通信双方必须共享相同的密钥,其中明文为 M,密文为 C,密钥为 k,发送方利用密钥 k 加密明文 M 得到密文即 $E_1(M)=E$,接收方利用同样的密钥 k 解密密文 C 得到明文 M,即 $D_2(C)=M$。

目前常见的对称加密算法有 DES、3DES、AES 等,对称加密算法具有计算量小、加密速度快、加密效率高等特点,适合大数据量加密。对称加密算法的缺点在于密钥管理问题,由于对称加密算法采用同一密钥,任意一方密钥丢失就会使得之后的加密过程不再安全,此外双方在通信时要求密钥为两者之间唯一共享,当通信方数量大量增长后需要保存大量密钥,存储开销较大。

(二)非对称加密技术

非对称加密与对称加密不同,对称加密使用同一密钥,非对称加密使用的是不同的密钥,分别称为公开密钥(public key),简称公钥,和私有密钥(private key),简称私钥。利用公钥或私钥加密的数据只有对应的私钥或公钥才能解密,公钥和对应的私钥被称为密钥对。

非对称加密安全性更好,由于加密和解密使用不同的密钥,一方的密钥泄露不会使得整个通信过程被破解。非对称加密的缺点是加解密所用时间较长、计算开销大,只适合少量数据加密,主流的非对称加密算法有 RSA、ECC、国密 SM2 等。

(三)摘要算法

摘要算法又名哈希算法、散列算法,其作用是将一串任意长度的信息散列为一个固定长度的信息摘要,是一种不可逆算法,可进行正向加密得到散列值,但无法根据散列值得到原文。

目前大部分摘要算法都基于 Merkle-Damgrad 方案,首先对原信息进行扩充使其能够被均匀地分成 $M1, M2, ..., Mt$ 共 t 组,每组长度为 n 比特,接着给摘要 H_0 设置一个初始向量 IV,通过压缩函数 f 对 H_{i-1} 和 Mi 进行迭代操作得到新的 Mi,即 $Hi=f(H_{i-1}, Mi)$,经过多次迭代后得到最终的摘要值 Ht。

摘要算法主要用于保证数据完整性,当数据量较大时难以直接对数据本身进行完整性校验,这时可利用摘要算法得到数据的摘要值,通过分析摘要值是否相同来判断数据是否遭到篡改。此外在数字签名中,利用私钥加密数据会消耗大量的计算资源,速度较慢,为此可利用摘要算法,直接对数据摘要进行签名以节省资源和时间。常见的摘要算法主要有 MD5 算法,NIST 推出的 SHA 系列算法等。

(四)数字签名

数字签名和传统签名一样,只有签名者本身可提供,其他人难以伪造,由此可用于身份认证。对信息进行数字签名后,如果信息被改动则无法得到相同的数字签名,由此可保证数据完整性。此外数字签名还可保证信息的不可否认性。

数字签名的理论基础是非对称加密技术,发送方 A 首先提取消息 M 的摘要值,利用自身私钥加密摘要值并将其和消息原文一同发送给 B,B 提取消息原文和摘要密文,利用 A 的公钥解密摘要密文得到摘要值,将其与消息原文的摘要值进行比对,若一致则判定签名有效。

数字签名在实际应用时还需要解决一个问题,即必须要确认密钥对和实际签名者身份之间的严格对应关系。可以通过两种方式进行确认,一种方式是引入可信第三方,通过数字证书来绑定身份和公钥,提供数字证书服务的系统或平台被称为公钥基础设施(public key infrastructure, PKI);另外一种方式是基于身份的数字签名,这种方式不需要数字证书绑定身份和公钥,直接用身份标识作为公钥,公钥和身份之间具有天然的对应关系,可解决目前 PKI 面临的证书管理负担过大的问题。

四、面向低延迟的需求与响应的隐私保护办法

(一)基础型方案

1.系统模型

通信体系架构包括 NAN、BAN、HAN,客户端网络、建筑群域网络以及邻域网内部分别通过 Wimax、Zig bee、Wi-Fi 通信,NAN 与控制中心通过光纤相互通信。

为了便于阅读,使用 HSM(house holding smart meter)代表 HAN 网关即住宅区域内的智能电表,BC(buildings concentrator)代表 BAN 集中器,NGW(neighborhood gateway)代表 NAN 网关,CC(control center)代表控制中心,GWs 泛指 BC 或 NGW 聚合器节点。

(1)CC

假定 CC 是一个可信度高的权威的电力供应方,负责管理整个系统,它的职责在于初始化系统,收集、处理、分析实时数据,并根据当前整体电力负荷曲线与用户整体电力需求计划,制定下一周期内的电量优惠额度,作为需求侧的个性化响应反馈给用户,用户通过对执行响应额度的耗电值的证明,获取 CC 的奖励,实现了双向通信及需求侧价格的弹性。本系统模型中,CC 具有产生各节点的加密公钥及私钥,并安全地将其发送到各个节点的权限。

(2)NGW

NGW 是一个电力网关(聚合器),职责在于转发并聚合,同态聚合来自 BC 的区域耗电值后发送给控制中心,并转发来自下层社区的电力需求。对它来说,两种分项的加密数据都是不可见的,因为它没有解密的私钥,为此它是半可信节点。

(3)BC

BC 是一个负责收集、存储、聚合和分配实时数据的聚合器,因其具备存储及加密操作等要求,将其命名为 BAN 集中器。BC 能存储社区内(BAN 内)的个体电力需求并聚合社区的电力消耗值,通过 NAN 发送给 CC,并能根据来自控制中心的电量响应函数根据存储的个体电力需求分配激励电量额度,同时可以对账单质疑的用户提供细粒度耗电数据的查询。这里 BC 需要足够安全的存储容量,以便处理上述描述的长字节的关键字并保

护私有信息,而通过智能电表内部的 TPM 芯片存储指定用户电量用户需求的功能很容易实现。用户向电表通过互联网提交下一时间周期的需求计划,电表发送给 BC 需求计划以及上一账单周期内的细粒度的耗电数据,接收到 CC 发来的电力响应数据后,BC 以加密的形式发送给用户,如果用户需要查询细粒度耗电数据,也可以提交申请。

(4)HSM

HSM 为一个家庭用户端持有的智能电表,具备基本的存储、计量、加(解)密,产生自身的公钥及私钥并通过网络与其他节点进行通信等功能。HAN 由若干个智能应用组成,HSM 的实时数据由 BC 收集和处理并经由 NGW 发送到控制中心。虽然 HSM 具备防篡改功能,但是相对其他各层的网关,容易被攻击者攻击。

2.攻击场景

假定智能电表和 NGW 是半可信的,即能够诚实地执行所有预先同意的协议并提供实时计量数据;然而它可能试图利用它所拥有的数据推测目标用户的数据。不排除 DoS 攻击的可能,这种恶意的参与者攻击假冒合法者虚报各种数据,使整个网络服务状态处于饱和,或恶意地物理篡改电表数据。假定 HSM 是防篡改的,通过内置 TPM 芯片就可以实现。

DRA-LD 考虑以下的攻击类型。

(1)外部攻击

外部攻击者大多通过窃听或者安装某种恶意硬件,获取来自 HSM、BC、NGW 以及 CC 之间的通信和数据流,以推测目标用户的个人信息。

(2)内部攻击

内部攻击者通常是协议的参与者(例如 NGW),它尽可能地与其他受攻击的 HSM 联合,获取目标电表的数据以推测个人用户的隐私;半可信的 HSM 也可能通过各种系统内部的通信流推测目标电表用户的私人信息。

(3)中间人攻击

在对称性的单密钥的加密系统中,攻击者一旦获取了通信节点之间对称的身份验证密钥,就会伪造或更改通信数据,并将其发送给接收方,例如本系统模型中,如果内部节点之间的对称密钥相同,恶意或受攻击的内部节点就有可能利用多用户占有的共享密钥,伪造或更改其他节点之间的数据流。为此应设置分层的共享密钥,以防止系统内部的中间人攻击,且密钥的设置应该具有随机性和前向保密性。

(4)再现攻击

再现攻击即发送方已经成功地完成了数据传输的同时,攻击者试图重复或延迟合法数据的传输。再现攻击会导致接收方再次接收与上时间点相同的数据,影响了正确数据的接收,从而导致错误的判断结果,甚至会导致控制失灵、电力中断等严重危害。

3.安全需求

(1)机密性

机密性即只允许特定用户对数据的访问,通过加密实现任何非授权用户节点对加密数据的不可获取性,对数据的授权限制和加密是保护个人隐私信息的关键。

(2)数据的完整性

数据的完整性是通过确保数据在存储和传输过程中不被未授权的节点伪造、篡改、删除等操作,可以通过加密、散列、数字签名或身份认证等方法实现。

(3)前向保密性

前向保密性是一个确保通信协议的安全属性,其中即使长期使用的主密钥的泄漏也不会导致过去时间段的通信密钥的泄露。也就是说通过这个长期私钥得不到以前建立的会议密钥。本方案采取设置不同时间周期内更换会议密钥的方法,以减少暴露会议密钥的危险。

(二)改进型方案

基础型方案实现了低延迟的需求响应的隐私保护,在现有文献的基础上通过分项加密及可信的中间聚合器的设置,不仅缩短了延迟时间及通信带宽,也改进了方案PRGA在系统内部通过多方占有共享密钥导致的消息来源的不确定性问题,然而方案DRA-LD仍然存在着两个问题:①用户的细粒度需求计划及耗电数据对可信的聚合器BC是完全可见的,降低了方案的安全等级;②基于DH的对称共享密钥的基于哈希的消息验证代码无法提供发送方的"不可否认性",而系统内HSM与BC之间的数据来源的可追溯性是非常重要的,因为HSM提供的是个体需求计划及耗电量,BC返回的是CC的需求响应信息,两者之间的质疑不能得到安全保证,也同样限制了方案的机密性和完整性。

为此本节在基础型方案基础上进行了安全等级的改进：①实现将可信的聚合器BC提升为半可信状态，通过电表节点以假名的身份发送数据实现数据与真实身份的不可链接性；②将对称加密的哈希验证代码改进为非对称加密的BBS+盲签名，通过设置零知识证明将用户身份信息隐藏，并保证以合法身份签名数据，并给出零知识证明的证明部分。改进型版本基于离散对数问题DLP的难解性，保证了各节点私钥的机密性，基于CDH问题的难解性，实现了电表在CC处注册匿名的难伪造性，基于q-SDH问题的难解性，实现了BBS+签名的难伪造性。

改进型方案RDRA-LD在原有基础型方案DRA-LD的基础上，提高了用户电表的安全等级，使其在BC处的身份及数据由原来的可见变为匿名状态，这样，原有的安全需求也要进行相应的改进。

1.消息的验证与数据的完整性

数据的完整性通过HSM与BC及CC之间的验证完成，通过相互之间的验证，节点之间确认对方是可信任的，任何没有经过注册的节点，无法完成向接收点的数据传输，也无法参与系统内部任意节点之间的数据通信。改进型方案在原有基础型方案的对称型验证方案扩展为非对称的签名验证方法，进一步抵御了中间人袭击并保证了数据的完整性。

2.加强的机密性

改进版本在机密性的加强表现在数据、用户身份的匿名性，假名、签名的无法伪造性，以及通信数据与用户身份的不可链接性。

电表节点向BC传输数据以及向BC的查询数据，均以匿名的方式进行。BC处理HSM的细粒度数据过程，即使它与其他用户联合，也不能推测出用户的公钥，更无法获取HSMi的密钥，这样确保用户ID与假名及注册、查询签名之间的不可链接性。

3.查询签名的一次性

BC签署的对HSM的电力响应及耗电数据的查询票应具备一次性，以防止恶意用户二次使用查询票，发送伪造需求计划或耗电数据以获取奖励，同样，CC签署的假名注册票也应该设置合理的有效时间限制。

4.身份可追踪性以及签名的不可否认性

为了受攻击的电表发送恶意或不正常的需求和耗电数据，或者受攻击的BC反馈不合理的电力需求响应数据，改进型方案具备"争议"流程，质疑方通过提供数据证据,以获取CC对电表用户或BC的真实身份进行进一步核实进程。另外基于不对称加密的公钥签名方案具备签名方的"不可否认性",进一步保证了数据的发送方的身份的不可抵赖性。

五、智能电网中信息安全关键的技术

(一)网络安全区域划分

为了满足国家对信息系统安全等级保护的要求,采用网络安全区域的划分是一项比较重要的技术手段。网络安全区域划分是指在同一信息网络内根据信息网络的使用性质、承载对象、安全目标等元素的不同将信息网络划分为不同的逻辑电网。在整个信息的网络,同一个逻辑的电网采用相同的安全保护措施,具有相同的安全访问控制和边界控制策略也是不同的,也是需要进行严格的访问控制。

不同逻辑子网间的访问需要进行严格的访问控制,通过应用网络安全区域划分技术可以达到以下目的:①将一个庞大的信息网络系统的安全问题转化为较小区域的更为单纯的安全保护问题,从而更好地控制网络安全风险,降低信息系统风险;②利用安全区域划分技术,可以理顺网络架构,更好地指导信息系统的安全规划和设计、入网和验收等工作;③明确各安全区域的防护重点,将有限的安全设备投入到最需要保护的信息资产中,从而提升安全设备的有效性;④不断简化信息网络安全的运维工作,有的放矢地部署网络安全审计设备,为检查和审核提供依据。

(二)网络安全区域划分方案的设计

目前国内外比较常用的安全区域划分方式有以业务系统划分、按照常用的防护等级划分和按照系统行为划分三种,但是为了确保电网企业现有业务的正常运行,同时还要考虑到未来信息系统部署的可扩展性,有必要将这三种安全区域划分方法进行综合应用,进行电网企业网络安全区域划分方案设计。在一定的电网条件下,电网企业网络安全区域的划分依据"分区、分级、分域"的基本方针,并将各个安全区域划分为网络边界、网络环境、主机系统、应用环境等4个方面。从4个方面的安全防护措施来看,首先是根据业务类型将整个信息网络划分为信息内、外网,其目的是有效地隔离威胁,保障信息内网中核心业务安全运行。Internet相关业务均部署在信息外网,信息内、外网间只允许特定的业务通过指定的方式进行数据

交换,这样就实现了对内、外服务的分离,规避了来自 Internet 的威胁,大大增强了信息内网的安全性;其次,在进行信息内、外网隔离的基础上,根据业务的特点及其重要性,依据国家关于信息系统安全等级定级办法对各信息系统进行安全防护等级定级,并针对各防护等级制定安全防护策略;最后,根据指定的结果,在一定的相关基础上进行安全措施。

(三)逻辑强隔离

"分区"是电网企业进行网络安全域划分的基本方针之一,逻辑强隔离则是实现"分区"的关键技术。

在国家保密局颁布的《计算机信息系统国际联网保密管理规定》中明确规定:"凡涉及国家秘密的计算机信息系统,不得直接或间接地与国际互联网或者其他公共信息网络相连接,必须实行物理隔离"。"物理隔离"的概念在 GA370-2001《端设备隔离部件安全技术要求》中进行了明确的定义:公共网和专网在网络物理连线上是完全隔离的,且没有任何公用的存储信息。在该要求中同时给出了逻辑隔离的定义,即公共网络和专网在物理上是有连线的,通过技术手段保证在逻辑上隔离,一般指通过 TCP/IP 等常用协议,使用防火墙设备在逻辑上规范不同的安全区域,并对不同区域的访问进行检查和验证。

逻辑强隔离则是近年来所提出的新概念,即使用逻辑强隔离设备(正向、反向或双向网闸等)进行网络隔离。逻辑强隔离比逻辑隔离安全性更高,同时与逻辑隔离接近,具有数据交换方便等优点。基于目前国内网闸等逻辑强隔离技术,结合电网企业信息系统实际使用情况,在电网企业内所采用的逻辑强隔离技术是在信息内网和信息外网间部署逻辑强隔离设备(如网闸)进行连接。之所以采用此种方式,是由于网闸的技术特性可以较好地提升信息内网的安全性,同时又可以较好地满足信息内外网特定信息通过特殊端口交换数据的需要,解决物理隔离环境下营销系统等业务在信息内外网不能及时安全交换数据而影响业务的问题。

(四)网络防火墙及入侵检测

作为网络安全防护的重要手段,网络防火墙和入侵检测是实现"分级"和"分域"的关键技术。网络防火墙技术属于一种网络逻辑隔离技术,通过将网络的不同区域进行有效的隔离,借助制定的安全策略对各安全区域间的流量进行集中管理与控制。

入侵检测技术则是通过对网络系统运行状态的监视,发现某种攻击企图、攻击行为或者攻击结果,是对网络防火墙技术的一种有效补充。在对网络进行"分区"后,电网企业信息网络由逻辑强隔离设备划分为两部分,即信息内网和信息外网。因此,在进行网络防火墙和入侵检测系统部署及应用时,需要在信息内、外网各部署独立的系统来完成对不同安全区域间网络信息的控制。

在信息内网,按照业务应用安全防护要求的不同进行定级后,通过VLAN划分方式对相同安全级别的业务应用系统进行分类,其中,三级及以上的系统分别独占一个VLAN,二级及以下的系统可以使用同一个VLAN。在完成系统定级后,通过高性能的网络防火墙进行安全区域的划分与访问控制,其中,三级及以上系统均单独使用一个防火墙物理端口,以确保重要系统在物理层面的安全性,二级及以下系统根据流量需求共享几个物理端口。每个安全区域间制定严格的访问控制策略,并通过入侵检测系统对网内所有流量进行实时检测,确保不同安全区域的安全性。

在信息外网,主要为DMZ区、信息外网客户端区和互联网三部分,其中,DMZ区内承载着与互联网业务相关的信息系统。与信息内网防护方式类似,通过网络防火墙对以上两个安全区域间及与互联网之间进行严格的访问控制,使用入侵检测系统对相关流量进行入侵检测,从而确保电网企业信息外网业务的正常运行。

(四)面对智能电网信息安全的技术

1.信息采集安全防护

智能电网可以通过有线传感器和无线传感器进行信息的采集,其中无线传感器在未来社会中应用的前景是比较广阔的。现今智能电网仍然还是通过有线传感器进行数据采集。作为信息采集的主要方式,要确保所采集到的信息数据的准确性,这一点主要依赖于传感技术的不断发展,但是传感技术在信息采集中也会存在一定的局限性。为了保证信息的安全性,在所有信息采集终端设备上加解密的数据都是采用硬件的方式来表现的。

2.对信息传输的安全

在信息传输的过程中,同样的传输分为两类,主要涉及智能电网中的无线网络、有线网络或者移动通信网络的安全性问题。在与信息采集相类似的情况下,目前智能电网中已经有了传输的过程,在实现信息安全防护体系中,可以根据企业的实际情况,对信息节点的数据进行保存并开发采用高强度的算法进行加密,以此保证数据传输的安全性。

3.对于信息的处理防护

信息处理防护方式有很多种,主要围绕智能电网数据的保存。在一定的环境下,信息使用是否安全,是在于从技术角度上来说的,信息处理安全涵盖了信息采集与传输安全信息技术等多种方式。利用横向隔离进行信息防护时,存在一定的技术条件,在生产控制与管理信息大区之间部署电力专用横向隔离的装置,可操作性则会强很多,还能有效实现安全区域之间接近物理隔离高强度的隔离。

在网络生产技术的发展中存在一些问题,只有及时解决才可以防止其带来的严重隐患,在针对智能电网通信的特点来解决信息的防护问题,在未来的智能电网必将是依赖于信息安全的防护技术,因而也会对智能电网的信息安全问题给予充分的肯定。

六、新形势下智能电网信息系统的安全防护

相较于传统电网,智能电网的开放性、互动性更强,但与此同时,智能电网信息系统所面临的安全威胁,成为当下智能电网安全、稳定运行的一项新"挑战"。从既往的工作实践与现有的学术研究来看,智能电网信息系统的安全威胁主要来源于设备硬件、网络环境以及信息数据三个层面,安全防护技术的研发与防护措施的应用,也应当围绕上述三个层面进行,以有效保证安全防护工作的针对性。

(一)明确安全防护目标与思路

归根结底,安全防护的主要意义在于提高整个信息系统的主动防护能力,避免信息数据泄露、篡改等问题的发生,进而保证信息系统在智能电网运行过程中充分发挥其作用。以数据信息层面的安全威胁为例进行分析,要保证安全防护的质量,就必须对数据库管理系统的漏洞、访问权限的控制、容灾备份管理认证等诸多方面的内容进行审视,建立一套相对完善、健全的管理体系。如果相关的工作人员在制定安全防护策略的过程中,忽略了某些细节问题,引起管理人员的职能划分不清以及容灾备份等措施落实不到位等现象,将会直接影响到信息系统数据信息的安全。加之智能电网

在运行过程中会产生海量数据,这些数据的种类繁多,统一规定的难度较大,若认证管理与访问控制等环节落实不到位,将会引起数据泄露、访问机制失序等问题。

因此,在信息系统的安全防护工作中,相关管理人员应当明确安全防护的目标,必要时对其进行安全防护的专项培训,提高其对信息系统各个层面安全防护的重视程度。考虑到智能电网的信息系统防护是一项较为系统、难度较大的任务,相关决策者在制订安全防护方案时,应当遵循一定的原则,保证安全防护工作的顺利进行。结合笔者的既往工作经验来看,安全防护的原则可从分区分域、全面防护、动态感知、安全介入等方面考虑,结合实际情况,进行适当调整。此外,智能电网的特殊性以及信息系统运行环境的复杂性,决定了安全防护工作需要具备相当水平的技术人员、管理人员共同完成,明确各个成员的职能,避免职能混乱,也是保障信息系统安全防护质量的重要措施。

(二)合理应用安全防护策略

智能电网信息系统的安全防护至关重要,但要切实保证安全防护方案的科学性与合理性,就必须根据不同的安全威胁,采取与之相对应的防护技术。以下从设备硬件、网络环境以及数据信息三个层面,对安全防护的关键技术进行分析。

1.设备硬件层防护策略

智能电网及其配套信息系统的安全、稳定运行均离不开物理层安全的支持,保证设备硬件的正常运行,最大限度降低人为因素以及环境因素给设备运行带来的影响,是物理层安全防护的重要目的。一般而言,智能电网信息系统的物理层可分为通信设备、网络设备以及电脑硬件设备等组成部分,其中,网络设备是较容易出现问题的部分。在电力网络的运行过程中,网络线路与配套设施的老化问题,是相关维修人员、管理人员的工作重点,尤其是在自然条件较为苛刻的地区,虽然在建设初期已经针对当地的自然环境设计了较为合理的建设方案,但由于各类不可控事故以及环境的影响,仍然对电力信息系统的物理层安全带来了极大的威胁。在以往的安全防护工作中,物理层的安全防护往往直接交由相应的维护部门、运维人员负责,通过其常用的故障检测、诊断方法,明确设备、线路故障的具体位置以及发生故障的原因,继而采取相应的处理方法,解除故障,保证整个系统的正常运行。但在智能电网领域,此种检修方法就显得不太适用。根据智能电网的自愈特性,智能电网信息系统的物理层安全防护也应当能够实现故障的自我诊断与简单故障的自行排除,这要求相关技术人员为信息系统预设安全防护策略,即根据相关实时监测设备提供的设备运行参数等,对设备、线路的实际状况进行综合性评估,并对一些常见的故障设置检查、排除程序。对于不能依靠信息管理系统自身排除的物理层安全问题,信息系统应当及时弹出故障提示,以便相关管理人员及时安排运维人员进行处理,保证设备硬件的安全防护。

2.网络环境层防护策略

网络环境的安全防护不仅是智能电网领域的重点研究课题,在诸多互联网相关的行业之中,网络安全防护皆有不可替代的重要作用。在网络环境层面,安全防护措施的制订应当包括网络软件、网络硬件以及网络数据等内容,依照安全防护的"全面防护"原则,相关技术人员应当对网络安全防护工作进行合理划分,逐个击破。以通信网络的防护为例,在进行安全分区时,可将其划分为实时控制、生产管理、非控制生产以及管理信息等区域,并根据各个区域的网络环境,为其设置不同的防护模块。在网络安全防护中,专用通信网络传输通道是一种较为常用的安全防护策略,能够在较大程度上提升安全防护的级别以及网络安全防护的效果。此外,横向隔离以及纵向认证也是网络安全防护的重要策略,以横向隔离思维,将整个智能电网信息系统涉及的信息业务进行模块划分以及横向管理,在各个模块之间合理应用防火墙技术,或者对模块之间的访问进行严格控制,实现逻辑隔离,有效抵御某些网络攻击;通过纵向认证机制,为信息系统制定严格的数字认证体系,开发相应的数字证书认证系统并加以应用,尤其是在智能电网的某些重要分区,实时严格的认证防护,可在较大程度上减少非法入侵行为的成功概率。但总体而言,智能电网的网络安全防护的任务仍然较为艰巨,需要在实践应用阶段借鉴其他领域的网络防护经验,制定较为完善的防护体系,细化各个环节的网络防护措施,保证网络防护的质量以及信息系统的运行安全。

3.数据信息层防护策略

智能电网信息系统安全防护的一项重要任务,就是保证数据信息的安全,虽然上述的设备硬件、网络环境等方面的因素皆可对数据信息的安全造成不同程度的影响,但智能电网信息系统自身数据的特点,也给这一层次的防护工作带来了极大的挑战。一方面,智能电网的运行特点直接决定了其数据量与传统电力网络运行产生的数据量之间的巨大差异,而数据种类繁多,更进一步增加了数据管理与维护的难度;另一方面,智能电网运行涉及的诸多参数与用户自身、电力企业以及供电稳定性等有着较为密切的联系,一旦出现数据泄露或者数据篡改等安全问题,将会给企业、国家带来不可预计的损失。因此,相关的管理人员应当高度重视数据信息的安全,这种安全并不仅仅是针对狭义上的"网络攻击"等安全威胁而言的,而是涵盖数据的安全存储、安全传输等多个方面的内容。以安全传输的防护策略为例,在信息传输的过程中,通过优选的加密算法,对需要传输的数据予以加密处理,与此同时,合理应用网络传输安全相关技术,能够于一定程度上保证其机密性、完整性。数据备份是避免数据损坏、遗失等问题带来的严重影响的有效策略,以往较为常用的备份方法是将数据存储于多个硬件(如光盘、软盘、硬盘等)中,但在新的发展形势下,海量的数据使得此种策略的可行性大打折扣,尤其是针对智能电网这类数据产生规模大、速度快的领域。鉴于此,在数据存储、备份过程中,采取不同级别的存储方式,如异地容灾(于不同的地域设置信息备份)、磁盘阵列存储(将若干个规格一致的磁盘进行合理规划,使其组成一个完善的存储阵列,保证存储质量)、双机容错(设置预备的信息系统设备,保证信息系统的可靠性)等,成为相关研究与防护实践中的一种重要思路。

第二节　漏洞挖掘与补丁修复

智能电网环境下,随着软件复杂程度提高,代码错误量也随之增长,虽然有很多工具和方法来帮助开发者减少错误量,但效果并不理想。

不可否认的是,经过这么多年的发展,智能电网中软件开发体系仍然不够成熟。尽管软件开发有了很多的方法可以做需求定义、模块交互、代码重用、测试等,问题是这些方法对计算机有什么用处?计算机有CPU、BI-OS、存储设备、显示卡、网卡、主板等硬件设备,有操作系统、驱动、防病毒软件、个人防火墙、其他各种各样的第三方应用程序。一台计算机能列举出数百种不同组织提供的硬件和软件,它们都共存于一台计算机上,因此,每台计算机都是个特殊的平台。许多应用程序必须运行在这些平台上。问题焦点便在此,不同的智能电网用户群使用不同的风格、方法、工具生成了这些代码,当把这些不同的软件放到一起工作时,因为有这极大的变数,变化结果不可预测,于是产生了Bug,而当软件团队修正Bug时,他们基于的环境相对千千万万用户的复杂环境来说,又太单纯了,不可能把智能电网中用户的环境都模拟测试一遍。

当软件变得日益复杂时,代码中错误的数量会随之增加,这也意味着随着补丁的不断增加,软件中潜在的Bug将随之增多。另外,补丁的制作和开发过程也存在问题,为了保证及时性,补丁的开发和测试的工作是否完善非常值得怀疑,因此,随着补丁的分发,变数增多了。

显而易见,发布的补丁程序是软件代码中的一个子集,补丁程序可以是修正一个Bug,提高一些安全性,也可能是把软件的版本升级,增加新的功能。现在,补丁程序变成专门解决程序出现的安全问题了,这都是微软惹的祸,人们一提到补丁程序就会想到安全问题。以前,为已经存在的Bug发布补丁是非常痛苦的工作,要通过物理介质送到用户手中,例如软盘、光盘等,更多情况下还要派出售后工程师上门服务,耗费了厂商大量的人力物力。但是现在随着智能电网中互联网的普及,补丁发放变得非常高效,厂商可以给用户在线升级,用户也能在第一时间安装补丁。

漏洞挖掘是一种针对信息系统的安全测试技术,通过对系统的软硬件进行模拟渗透以及对数据的分析发现系统漏洞,从而更有针对性地建立安全防护措施。针对智能电网系统(包括软件服务和硬件程序)和网络的脆弱性,主动分析其面临的安全威胁,在攻击发生之前检测出系统漏洞,并对智能电网控制系统进行优化升级,及时发现智能电网中的安全漏洞和安全隐患,对安全补丁进行修复并设置有效的安全策略,这对保障智能电网控制系统安全运行有极其重要的意义。

一、参考安全补丁比对的智能电网软件安全漏洞挖掘方法

智能电网软件安全漏洞一旦被发掘并且公开后,软件厂商会定期或不定期地提供相应的安全漏洞补丁。由于补丁本身可能未经过严格的安全性测试,有可能在原程序中引入新的安全漏洞。

（一）原因分析

通常情况下,由于系统函数调用关系复杂,系统或应用软件的关键数据区域可被不同进程或线程修改,软件厂商在修补安全漏洞的时候,希望能通过做最小的改动来解决当前遇到的安全问题。通过对智能电网中众多安全补丁的比对分析发现,软件厂商对漏洞代码的修改及代码运行流程基本不会有太大的变化。这种漏洞修补方式可能存在如下安全隐患。

①软件厂商修补漏洞缺乏全局考虑,通常注重对漏洞点的修补。在复杂系统中,软件模块复用情况较多,与本漏洞相同或相似特征属性的漏洞在系统中可能还会存在,而此时由于安全补丁暴露了一种漏洞特征属性,分析人员可以利用这种漏洞特征属性来挖掘其他未知漏洞。

②通过补丁比对发现,软件厂商对漏洞代码进行修改时,往往只考虑当前漏洞的上下文环境,而未必考虑到整个系统或者第三方代码对全局变量或逻辑条件带来的影响。

③软件厂商进行补丁开发,一般修改漏洞点对应或相关的源代码。但是从源代码的角度进行修改,未必能考虑到真实逆向分析环境中出现的各类复杂情况。

（二）方法原理

通过对智能电网中安全补丁的分析,可以找出补丁所修补的代码位置(patch location,简称P点)以及实际出现问题的代码位置(bug location,简称B点)。在实际环境中,B点一般是一个漏洞点,但P点可能是一个补丁点或者多个补丁点的集合。如果从代码执行开始,每条到达节点B的路径都要经过节点P,则节点P是节点B的必经节点。根据B点和P点的相对位置关系,大致可以分为如下四种情况。

1.B点和P点重合

直接修改漏洞代码,例如替换漏洞代码所在的基本块或不安全函数、直接修改触发漏洞点的逻辑条件等。

2.B点和P点位于同一函数中

如果P点不是B点的必经节点,存在其他路径绕过P点到达B点,则说明该漏洞修补可能存在安全隐患。

3.B点和P点集合中的某个补丁点P

位于同一基本块中。P是B点的必经节点,如果P的逻辑控制条件与系统中可能调用到的其他函数相关,即其他函数可能修改P的逻辑控制条件,在触发其他相关函数后仍然可以触发B点,则漏洞修补存在安全隐患。

4.B点和P点位于不同基本块中,且B点和P点分布在不同函数中

漏洞代码和修补代码位于不同函数中,这种安全漏洞修补方式,最有可能存在安全隐患。由于系统函数调用关系相当复杂,如果对每个函数调用参数的约束和检查不到位,污点数据的动态传递很可能重新触发漏洞代码而导致新的安全隐患。

二、一种Linux安全漏洞修复补丁自动识别方法

随着智能电网软件系统复杂度的增加、开源软件日益广泛的应用对漏洞(vulnerability)披露的透明度和效率提升、各国政府和企业对软件安全愈加重视而增加投入,软件漏洞的披露数量逐年增加,同时软件正渗透到经济、社会生活的方方面面。Linux内核、基础库(如Open SSL)被不同软件系统广泛共用,其安全漏洞被利用往往波及广泛的软件系统和大量的用户,因此帮助智能电网用户及时应用安全漏洞补丁修复至关重要。

观察开源社区安全漏洞生命流程,总结科研工作者和企业安全漏洞阶段划分惯例,开源软件漏洞生命周期主要分为四个阶段:①发现新漏洞;②开发发布漏洞修复补丁;③将漏洞修复补丁通知用户;④用户应用漏洞修复补丁到软件系统。笔者通过对这四个阶段进行分析发现,软件漏洞生命周期第三阶段很容易被忽视并存在安全提示信息不足,进而造成第四阶段存在明显的管理不足,影响安全补丁的及时应用从而给用户带来安全威胁。

第一阶段:该阶段已经引起学者们的广泛关注,比如漏洞检测、漏洞挖掘、漏洞分析、漏洞利用(是评估新漏洞的重要手段之一)一直是安全领域的研究热点,持续受到科研单位、企业、政府机构等密切关注。

第二阶段:该阶段反应快速,易获得优先处理,新安全漏洞一旦被发现确认,开源社区维护者(maintainer)会积极做出反应,快速开发、评审、处理漏洞修复补丁。统计发现安全漏洞的修复反应速度比性能Bug快2.8倍,安全漏洞分配的开发者人数是性能Bug的3.51倍,是其他Bug的4.7倍;维护人员对待安全漏洞和安全修复补丁的响应速度、重视程度要明显高于其他Bug。

第三、四阶段:第二阶段研究表明通过补丁注释特别是补丁的commit message明确告知补丁是修复安全漏洞,明确给出对应的CVEID(common vulnerabilities and exposures identifiers),对智能电网中软件的用户(安全软件工程师、操作系统发行商、软件集成商、运维工程师等)识别安全漏洞修复补丁,尽早应用到软件系统至关重要。但是,研究发现开源软件维护者经常悄无声息地修复安全漏洞,即漏洞修复补丁的代码部分和commit message中未给出安全描述和CVEID信息是很常见的,比如研究报告统计发现,在漏洞修复补丁发布时,维护者在文件中明确标注CVEID的只占9%,及时主动通知安全监控服务提供者只有3%。88%的维护者在新版本发布的发布说明里才通知修复了安全漏洞,但是相对于安全补丁的发布,软件新版本发布要滞后很多,而且很多生产环境的基础服务出于安全性、稳定性考虑,管理员更偏向于补丁升级而非升级整个软件版本,因此不得不去识别具体的安全修复补丁。同时我们编写工具统计了收录到NVD数据库的Linux内核全部漏洞(2002—2020年5月23日),Linux内核一共有4 064个被NVD数据库收录确认的漏洞,然后此工具追踪NVD和Linux内核源码仓库,发现修复补丁被登记到NVD追踪的只有1 633个,即NVD已经确认收录的Linux内核漏洞,其中只有40.2%的内核漏洞修复补丁登记关联到NVD数据库,从而可以NVD数据库反向识别;此工具直接追踪Linux内核源码仓库,发现其中只有380个漏洞修复补丁的提交信息给出了CVEID等漏洞描述信息,仅占Linux内核NVD确认漏洞总数的9.35%,占NVD反向可追踪数的23.27%,因此Linux内核维护者在安全修复补丁文件中明确标注CVEID的情况跟开源软件整体情况一样比例很低。由此用户(即便是专业的安全工程师)在识别安全漏洞修复补丁,从而避免遗漏和尽早应用安全补丁面临挑战。

基于这些观察分析,在智能电网环境下开发安全修复补丁的智能化自动识别工具,实现对漏洞修复补丁的及时识别、及时通知,降低人工识别的工作量和遗漏,从而促进安全补丁的及时应用是主要的研究动机。

因此,本书以代表性的Linux内核源码社区为案例,设计实现了一种Linux安全漏洞补丁的自动化识别方法。该方法核心思想是为合并到Linux内核源码的补丁代码和描述部分分别定义漏洞特征,构建机器学习模型,训练学习可识别安全漏洞补丁的分类器。该方法的实现主要包括三个步骤:①如何持续收集和标注安全漏洞补丁和非安全漏洞补丁;②跟其他Bug的修复、功能增强补丁相比,分析安全漏洞修复补丁的特点,对原始补丁文件进行特征定义和特征抽取;③设计、实现机器学习模型,使用收集的数据训练生成可识别漏洞修复补丁的分类器。

以上论述的主要贡献包括三个方面。

首先,给出了一种可以自动识别漏洞修复补丁的机器学习建模方法,并详细给出了如何做Code特征、Log特征的定义与提取,以及联合Code和Log如何基于半监督的Co Training方法建模。以代表性的Linux内核为应用实例,实验表明该方法将识别精确率提升到91.3%,准确率92%,召回率87.53%,误报率降低至5.2%,因此具有实用价值,并且该方法有很好的可扩展性,可以直接扩展支持其他开源项目。

其次,实现了一个可持续收集和标注安全漏洞修复补丁与Bug修复补丁的工具系统,并给出其设计与实现细节,该系统可以扩展支持其他以Git、SVN等版本控制工具管理的开源软件。

最后,不应盲目相信,或过度依赖NVD、开源软件社区漏洞通告,因为其全面性、有效提示性和及时性存在不足,分析表明其通告质量存在漏、错、未更新等问题。这要求在智能电网信息安全防护工作中需结合人工和自动化识别工具去主动识别漏洞修复补丁,及时修复。

(一)相关工作

近年来,使用机器学习技术对智能电网程序源代码进行分析和处理成为研究热点之一,其中分析软件漏洞、Bug修复是重要的研究方面。下面介绍跟这部分内容最相关的工作,以及本书的工作跟“相关工作”的区别:只使用补丁相关的素材信息,不涉及代码,同时从补丁的Log message和Code抽取特征,结合两方面的特征信息构建模型,因此在建模的特征工程和建模方法上都明显不同。

虽然都使用了补丁的Log message和Code部分,但是本书的特征工程和建模方法有明显区别:可以将Code只做纯文本对待抽取关键字,然后跟Log自然语言部分一起合并;也可以将Code部分按照编程语言进行分析,抽取其标识符、循环、代码修改等细粒度信息构建特征,并且将Code和Log部分的特征分开构建机器学习模型。

结合使用补丁的统计量(局部性、复杂度、控制循环),结合关键字抽取特征,然后用机器学习的方法对安全修复补丁进行更细粒度分类,如划分为Buffer错误(如栈溢出)、Injection错误(如错误注入)、Numeric错误(如整数溢出),技术人员都是借助补丁的统计特征建模,但技术人员的研究目标和构建模型的方法完全不同,从其实验效果可知细粒度补丁类型分类有效但并不显著(其最佳准确率是54.75%),因此并不能达到本书研究目标的可实用的程度。使用LLVM编译器将补丁修改的文件源码预编译为IR,然后使用手动建立的补丁模式(安全操作、关键变量、漏洞操作)对IR对照补丁模式进行预处理收集到模式数据,最后将收集的数据作为约束提供给手动定义的符号规则做约束求解,从而做出是否为安全补丁的判断。该方法为应用程序的语法信息提供了一种可借鉴的思路,但其每个步骤都需要人工建立模式、规则,导致人工负担较重,规则和模式的完备性需要验证,这限制了其应用规模。因此本书的研究方法和应用规模都有明显差异。

从智能电网中经验软件工程角度对不同补丁的统计特性进行大量实证研究,研究表明功能补丁Bug修复补丁、安全漏洞修复补丁表现出统计上的显著差异,这些经验是本书对智能电网代码补丁做特征工程时进行特征定义与选取的主要依据,但本书所做的工作跟这些研究的研究方法和目标都是不同的。

1.局限性

实验表明,从补丁的统计量构建特征,将补丁区分为安全漏洞修复和非安全漏洞修复准确率很高,但如果进一步将安全漏洞修复补丁做细粒度分类(比如区分为缓冲区溢出、整数溢出、错误注入、访问控制错误等)则面临挑战。同样,如果某个补丁违背了实证软件工程的一般统计规律,本书的研究方法很难区分这类异常补丁,考虑到在规范的大型开源项目(如Linux,Xen,Open Stack)实践中出现可能性很小,所以总体而言这种少量异常补丁的可能存在不影响本书方法的应用价值。如果一个社区的补丁管理严重不规范,比如功能混淆、缺乏一般的统计规律,对本书方法将是很大的挑战,这不仅对工具是挑战,对自然人手动识别也会带来困难。笔者认为结合补丁的语法语义解析构建特征,有可能对这类补丁的识别带来帮助,这是智能电网信息安全防护下一步工作重点考虑的建模因素。

2.模型的可扩展性

本书给出的识别漏洞修复补丁的建模方法是通用的,即可以直接扩展支持其他开源项目。虽然,因为一方面不同开源项目存在编程语言、功能代码粒度、项目功能、编程规范等差异;另一方面,当前 AI 技术尚存在泛化能力瓶颈(即一般地,一个训练好的 AI 模型只能解决一个专门的问题,难以像人类智能做到触类旁通、举一反三),因此用 Linux 数据集训练的模型并不能直接应用于其他开源项目的检测;但是可以用同样的建模方法,必要时对特征工程的参数做适当调整,为其他开源项目训练预测模型。另外,如果想复用在一个项目上的训练经验,迁移学习是值得探讨的。

(二)系统部署

在实际应用中,笔者提供了两套部署场景。

场景 1:识别上游 Linux 内核最新合并的补丁是否是漏洞修复补丁,脚本程序周期性地将 Linux 官方分支拉取(Pull)到团队的内部内核仓库,脚本检测到更新则通过 git show 获取新补丁,然后传递给模型识别,模型将识别结果邮件推送给安全工程师。

场景 2:内核开发团队补丁评审(review)、工程师创建 PR(pull request)请求新补丁评审,机器人评审员(reviewer)对补丁进行安全识别,如果识别为安全漏洞修复补丁,则要求在 Log message 里增加安全提示性说明,并邮件通知安全工程师确认。

第三节 授权管理与控制

随着智能电网网络信息化技术的发展,互联网+、云计算、大数据的应用,各类信息化系统、高速网络传输应用得到快速的发展,伴随高速信息化发展的同时,智能电网网络信息化安全问题也日益突出。智能电网网络信息安全是指通过采用各种技术和管理措施,使智能电网网络信息化系统正常运行,从而确保网络数据的可用性、完整性和保密性。

智能电网网络安全的具体含义会随着"角度"的变化而变化。从用户个人的角度来说,希望涉及个人隐私或商业利益的信息在网络上传输时受到机密性、完整性和真实性的保护;从企业的角度来说,最重要的就是内部信息上的安全加密以及保护。

近年来网络信息化安全倍受关注,2017年国家施行《中华人民共和国网络安全法》。随着网络的快速发展,信息化建设水平也在不断提升,智能电网信息化业务和应用完全依赖于计算机网络和计算机终端、移动终端。但是计算机病毒、黑客木马进入桌面计算机,在计算机上安装非法软件,外来电脑随意接入公司内部计算机网络,这些行为非常容易导致桌面计算机和计算机网络系统的瘫痪,存在一定的安全接入隐患。为了进一步提高网络安全应用和管理水平,为此实施了网络授权接入控制系统代替网络开放性接入、人为静态配置等传统运维管理方式。

授权管理规定了哪些用户可以访问和使用系统内的哪些信息与资源,通过身份验证和授权,访问控制策略可以确保用户的真实身份,验证用户身份后,访问控制就会授予其相应级别的访问权限以及与该用户相关允许的操作,通过严密的授权管理和访问控制,一方面可以降低隐私泄露的风险,还可以减少非正常操作对内部系统的破坏。特别是近年来新推出零信任(zero trust)技术,前提假设不存在受信任的网络边界,并且每个网络事务都必须经过身份验证才能发生,将访问控制贯穿到系统运行的整个过程中,使得安全防护更为严密。

一、智能电网中基于授权管理基础设施的授权及访问控制机制

授权及访问控制机制是网络安全的重要内容之一,也是统一的安全管理中要解决的主要问题。传统的权限管理机制主要有:基于用户名和口令的权限管理和基于公钥证书的权限管理;基于用户名和口令的权限管理方式将网络用户及系统权限存储在用户权限数据库中,通过查找用户权限表来验证用户的权限;基于公钥证书的权限管理方式利用了公钥证书扩展项功能,将用户权限信息存储在公钥证书的扩展项中,在身份认证的同时完成权限认证。

传统的权限管理方式产生了许多问题:权限管理混乱,同一单位或部门内不同的系统采用的是不同的权限管理策略;系统管理员的负担过重,容易造成管理方面的漏洞,可能会带来系统的不安全因素;权限管理模型没有统一,增加了系统的费用。虽然基于公钥证书的权限管理方式通过将用户的身份标识与权限相绑定来实现权限的集中管理,但它缺乏必要的灵

活性。

相对于传统权限管理机制的不足,基于授权管理基础设施实现的集中式访问控制机制,有效地实现了权限的统一管理和权限信息的相对独立,使系统具有更高的安全性和灵活性。

(一)智能电网中授权管理基础设施

PMI是X.509v4中提出的授权模型,它建立在PKI提供的可信身份认证服务的基础上,其具体的实现方式有多种。X.509v4中建议基于属性证书AC(attribute certificate)实现其授权管理。PMI向用户发放属性证书,提供授权管理服务;PMI将对资源的访问控制权统一交由授权机构进行管理;PMI可将访问控制机制从具体应用系统的开发和管理中分离出来,使访问控制机制与应用系统之间能灵活而方便的结合和使用,从而可以提供与实际处理模式相应的、与具体应用系统开发和管理无关的授权和访问控制机制。

1.PMI与PKI

在信息安全技术领域里,公开密钥加密技术近年来发展很快,在此基础上形成和发展起来的公开密钥基础设施(PKI)很好地适应了互联网的特点。它通过方便灵活的密钥和证书管理方式,提供了在线身份认证的有效手段,为电子政务、电子商务、电子社区、远程教育、远程医疗等各种网络应用及类似的网络服务奠定了坚实的安全基础。然而,随着网络应用的扩展和深入,仅仅能确定"某人是谁"已经不能满足需要,安全系统要求提供一种手段能够进一步确定"某人能做什么",即某人是否拥有使用某种服务的特权。为了解决这个问题,特权管理基础设施(privilege management infrastructure,PMI)应运而生。

特权管理基础设施需要公钥基础设施(PKI)为其提供身份认证服务。同公钥基础设施相比,两者的主要区别在于:PKI证明用户是谁,并且由各类应用共同信任的有关机构提供统一管理;而PMI证明这个用户有什么权限,能干什么,为各类应用提供相对独立的授权管理,并且各类应用之间的权限资源相互独立。

2.属性证书与公钥证书

在X.509v3(1997年)证书规范中引入了属性证书的概念,X·509v4(2000年)进一步描述了属性证书与公钥证书的关系以及属性证书的使用模式。属性证书是由PMI的属性权威机构（atribute authority，AA）签发的包含某持有者的属性集（如角色、访问权限及组成员等）和一些与持有者相关信息的数据结构。由于这些属性集能够用于定义系统中用户的权限，因此作为一种授权机制的属性证书可看作是权限信息的载体。属性权威机构的数字签名保证了实体与其权力属性相绑定的有效性和合法性。由于属性证书是一个由属性权威签名的文档，因此其中应包括这些属性。

①名字。特权验证者（prilege verfler，PV）必须能够验证持有者与属性证书中的名称的确是相符的。宣称具有该属性的实体应该提交一个公钥证书，并证明自己是相应的公钥拥有者。

②一个由签发者与序列号共同确定的、特定的用于数字签名的公钥证书。属性验证者必须能够确保该宣称者与证书中公钥的真正持有者是同一个人。

作为权限管理体系的授权实现机制，属性证书及其属性权威机构考虑的是基于属性的访问控制，而不像公钥证书考虑的是基于用户或ID的身份鉴别。公钥证书如同网络环境下的一种身份证，它通过将某一主体（如人、服务器等）的身份与其公钥相绑定，并由可信的第三方，即证书权威机构进行签名，以向公钥的使用者证明公钥的合法性和权威性；而属性证书则仅将持有者身份与其权力属性相绑定，并由部门级别的属性权威机构进行数字签名，再加上由于它不包含持有者的公钥，所以这一切都决定了它不能单独使用，必须建立在基于公钥证书的身份认证基础之上。由此可见，尽管一个人可以拥有好几个属性证书，但每一个都需与该用户的每个公钥证书相关联，与公钥证书结合使用。

3.PMI体系结构与特权委托模型

PMI特权管理体系结构一般由三部分组成：对象（object）、特权声称者（privilege asserter）和特权验证者（privilege verifier）。其中对象指的是受保护的资源，例如在访问控制应用中，对象就是指被访问的资源。这种类型的对象常具有一定的援引方法。如当对象是某文件系统中的文件时，则该文件具有"读""写"和"执行"等对象方法。特权声称者即指拥有一定特权并针对某一特定服务声称具有其权限的实体。特权验证者指的是根据用户声称的特权对其是否享有某一服务作出判断的实体。

特权验证者在获得用户的属性证书后，将依据以下四点判断是否允许该用户访问某一资源。

（1）特权声称者的权限（privilege of the prvilege aserter）

封装在特权声称者属性证书（或公钥证书中的subjet diretoryttributes主体目录属性扩展字段）中的属性。特权持有者的权限反映了证书发放机构对其的信任程度。

（2）权限策略（prilege policy）

规定访问某一特定对象所需权限的最小集合或门限。它精确地定义了特权验证者为了允许特权持有者访问某一请求对象、资源或应用服务应包含的特权集。权限策略因其完整性和真实性应受到严密的保护。

（3）当前环境变量（curent environment varia-bles）

特权验证者在进行访问控制判断时依据权限策略规定需要使用的一些参数，如访问时间、请求者的源地址。需要注意的是，环境变量的提交完全是一种局部事件。

（4）对象方法的敏感度（senstity of the object method）

它反映了将要处理的文档或请求的属性，文件内容的机密等级等。对象方法的敏感度既可以显式地加密于联合安全标签中或由对象方法支持的属性证书内，也可以隐式地封装于数据对象的数据结构中。当然，它也可以用其他方法进行加密。在一些应用环境中，对象方法的敏感度是不需要的。

将特权验证者与属性权威机构进行任意绑定是没有必要的。正如特权持有者可以拥有许多不同的属性证书，特权验证者也可以验证许多发布的证书。

PMI特权委托模型可以分为三级，分别是信任源点（SOA），属性权威机构（AA）和授权服务代理（ARA）。SOA是授权给特权持有者的最初签发人。它是整个PMI授权系统的最终信任源和最高管理机构，对授权策略的制定、属性权威机构的设立及授权均负有主要责任，相当于PKI系统中的根CA。通常由SOA委托的特权持有者充当的是AA的角色，AA相当于PKI系统中的CA。进一步授权给其他实体由AA执行，但授予的权力属性只能是该AA拥有权限的子集，这也是PMI特权委托模型中的一条通用法则。作为权威中心的SOA完全可以对其实施的特权委托加以限制，例如特权委托的路径深度，对证书路径中较靠后的证书的数量和主体名字空间的限制等。每一个由上一级AA授权的实体同样可以再次充当AA的角色。充当特权委托者的MA同样可以对其下属AA的权力加以限制。AA由具有设立AA中心业务需求的各应用单位负责建设,并与SOA中心通过业务协议达成相互信任的关系。MA中心的主要职责包括:应用授权受理属性证书的签发和管理,下属M的设立以及ARA的设立审核和管理等。ARA中心是PMI特权委托模型中的用户代理节点,直接与属性证书的用户发生业务交互,相当于PKI系统中的RA。ARA中心的主要职责包括授权服务代理和授权审核代理等。

(二)智能电网中基于授权管理基础设施的访问控制的实现

基于授权管理基础设施的集中式授权访问模型主要可分为如下三种:一是以数据资源为中心;二是以用户资源为中心;三是前两种方式的综合,也称为混合模式。这三种不同的实现模式是根据应用的不同情况和用户的要求来决定的。

1.以数据资源为中心的模式

这主要是为了支持完全基于Web的应用系统,而且需要进行权限控制的系统对权限控制的粒度较粗,是在文件一级的控制。以数据资源为中心的权限组织是通过基于角色的两次授权实现的:一是属性权威机构向用户发放属性证书,属性证书通过用户公钥证书的ID号将特定的用户角色绑定到对应的用户上,实现对用户的授权;二是由资源的所有者或管理者将一定的角色赋予资源,即通过表明哪些角色对特定的资源具有访问权限来实现对资源的授权。利用角色信息将两次授权的结果相关联就得到访问控制列表(ACL),从而实现用户到资源的访问控制。

这种方式的优点在于:所有的权限验证都是在应用系统之外进行的,不需要对应用系统内部做任何权限处理的工作。对于一些老的应用系统来说,如果此应用系统是完全基于Web的应用,或者原有的系统没有权限控制,需要增加权限控制,并且只要求将权限控制到文件一级,这种方式是最佳选择,因为不需要对原有的应用系统做任何改动,只需要在原有的系统之外增加此权限集中控制系统就可以达到权限集中控制的目的。

但是,这种方式也存在一个较大的缺点:权限控制粒度较粗,只能控制到文件一级。因此,如果原有的系统是建立在数据库基础上的,并且要求对权限的控制达到文件内容或数据字段,此方式就达不到要求。另外,在这种方式下,用户的角色对所有的应用系统而言是固定的,也就是说,一旦用户的角色分配以后,除非重新分配,否则此用户的角色就是固定不变的。

2.以用户资源为中心的模式

这种方式主要是为了适应那些要求细粒度权限控制的需求而定制的,只对用户进行角色的分配,而权限的控制和验证是在应用系统内部完成的。

除了可以固定地对用户分配角色外,在应用系统内部还可以根据系统的流程动态分配当前用户的角色。

这种方式的优点有两个:一是能进行细粒度权限控制,二是能动态确定用户的角色。如果应用系统原来是通过用户名和口令的访问控制列表来实现权限控制的,那么可以通过对应用系统的修改来实现基于角色的集中统一管理,这样就能保证细粒度的权限控制。

但这种方式有一个最大的缺点:需要在应用系统内部实现对权限的验证。如果系统是老的应用系统,则需要对原来的应用系统的结构或源代码进行修改。如果是新系统,则需要新系统通过权限集中管理系统提供的接口来实现权限的验证,并且需要按权限管理系统中的角色划分方式进行权限控制的验证。从上面的分析可以看出,这两种方式有着各自的优缺点,选择什么样的方式是由用户根据需求及应用的具体情况来决定的。

3.混合模式

以数据资源为中心的权限管理和以用户资源为中心的权限管理方式各有优缺点,在实际应用中可以将以上两种方式综合运用,发挥二者的优点。

在权限管理系统中,可以对资源进行粗粒度的权限控制,然后在应用系统内部可以增加细粒度的权限控制,而且在应用系统内部是否进行细粒度控制是用户可以根据需求选择的。这种方式下的权限组织与以数据资源为中心的权限组织方式相同。只是数据资源可能是更粗粒度的,如系统、模块或目录,也可以是文件名等。

这种管理方式的优点是:可以灵活地控制用户对数据资源的访问权限,并且用户可以根据具体的情况分步骤实现系统,即可以首先进行粗粒度的权限控制,然后在此基础上通过对应用系统增加插件或修改系统实现更细粒度的权限控制。

同时这种实现方式也存在与以用户资源为中心的管理方式一致的缺点：当用户需要对数据资源进行细粒度权限控制时，必须对应用系统进行相应的修改。

二、智能电网中企业网络安全管理授权准入控制的应用

(一)传统运维与应用

大多数企业在建设之初，为了节省资本，网络建设都是小规模建设，以实际应用为标准，采用的是传统运维方式。传统运维方式适合于小型局域网络，对于具有一定规模的企业，传统运维方式基本为开放式的网络接入，人为静态配置网络信息，存在一定的安全隐患与问题，主要体现在：

1.人为静态配置，自由接入，网络故障频繁

无论是公司内部人员还是外来人员，只要了解计算机网络知识，根据公司现有的计算机网络配置，就可以自行尝试配置网络信息，任意更改 IP 接入网络，从而出现网络冲突，导致其他人员更换配置，形成连锁反应，造成网络故障。这类事故每个月都会出现 3~4 次，要进行查询排除故障。

2.无线设备、网络终端随意接入，无法管控

随着移动终端的大规模应用，很多职员自行安装无线 WiFi 模块、无线路由器，无线路由器的随意配置导致网络资源配合混乱故障。自行配置的无线接入，导致公司的无线网络被随意接入，存在网络数据访问安全隐患。

3.计算机等有线终端随意接入，无法管控

外来人员或者职工可以通过有线配置随意接入公司内网，存在接入终端是否按公司的要求安装相关的软件，终端是否携带木马、病毒等安全问题。由于缺乏技术和管理手段，许多管理规定也难以执行，是否具备接入条件均无法管控。职工个人使用的计算机，管理难度很大，无法防止外来电脑或者不符合规定的电脑接入内部网络中。这种半开放式的有线接入，导致网络管控存在安全隐患。

4.大量重复运维工作，运维效率低

IT 部门的精力被一些细小的常见问题所占用，使得 IT 部门始终在做一些简单重复的工作。比如频繁的安装一些公司要求的软件，而职工又不愿意使用，随意卸载，价值难以体现，对企业来说就是浪费大量的人力、精力与财力。

5.无法对网络运行实时监控

没有合适的管理技术,无法实时、动态掌握网络整体安全状况,无法建立实时安全评估体系,无法掌握内部各种接入设备(包括网络设备、安全设备、服务器、桌面电脑)的安全运行状况,无法为领导决策部署安全工作任务提供支持,以及为安全维护工程师提供维护便利。

6.网络管理规定也难以执行

传统的运维方式,由于缺乏技术和科学的管理手段,导致公司许多网络安全管理规定难以执行,比如,网络审计、流量管控、网络访问限制等。致使个人使用的计算机内安装BT下载软件、网络游戏软件、私自更改电脑的安全设置,将外部的电脑接入单位的内部网络等行为难以控制。这些行为违反了单位的管理规定,也影响计算机网络的安全性。如果情况严重可能会导致网络瘫痪,严重影响网络办公。

7.非IT企业,缺乏专业技术人才

具有一定规模的企业,公司网络信息化程度随企业的发展不断扩大。网络的建设与运维对IT人员要求也比较高,传统运维方式与普通的IT技术人员无法满足企业需求。但是非IT企业,因缺乏对信息化人才的重视,未建立完善的信息化技术人才发展机制,没有合理的发展空间,导致专业的信息化技术人才不愿意进入非IT企业或者人才流失严重,运维效率极低。

8.存在严重网络安全隐患

采用传统的网络运维方式,存在严重的网络安全隐患。主要包括:①病毒侵入。在外部感染病毒或者蠕虫的计算机,当它们未经控制随意接入企业网络的时候,就会将病毒等恶意代码在不经意之间带入企业环境;②非法访问与攻击。蓄意攻击者在未经控制、未经身份验证的情况下可以随意接入网络,对网络进行非法访问与攻击;③非法网络设备无法管控。家用路由器等非法网络设备随意接入公司网络,造成网络DHCP广播风暴,无法正常访问网络。

以上就是传统运维过程中存在的一些安全隐患和问题。想要保证IT应用技术能够为企业的经营过程发挥作用,提高工作效率,需要采用IT运维管理技术,即网络授权准入控制技术。

(二)网络授权准入控制

网络授权准入控制(network admission control,NAC)是网络信息系统安全管理的一种IT技术方式,其宗旨是防止病毒和蠕虫等新兴黑客技术对企业安全造成危害。借助NAC,能够在用户访问网络之前,确保用户的身份是信任关系,可以只允许合法的、值得信任的终端设备(例如PC、服务器、PDA)接入网络,而不允许其他设备接入。目前这类管理系统较多。网络授权准入控制主要是通过在网络设备上实施一定的接入策略,并经过搭架认证服务器统一管控平台来实现。一般采用的是H3CIMC平台,基本支持各类品牌的网络设备管理,可以识别各类相关终端及各类操作系统。

1.网络准入控制原则

BS7799作为英国政府颁发的一项信息系统安全管理规范,目前已经成为全球公认的安全管理最佳实践,成为全国大型机构在设计、管理信息系统安全时的实践指南。BS7799认为,设计信息安全系统时,必须掌握以下安全原则。

(1)相对安全原则

没有百分百的信息安全,安全是相对的。在安全保护方面投入的资源是有限的,保护的目的是要使信息资产得以有效利用,不能为了保护而过度限制对信息资产的使用。

(2)分级、分组保护原则

对信息系统分类,不同对象定义不同的安全级别,首先要保障安全级别高的对象。

(3)全局性原则

解决安全问题不只是一个技术问题,要从组织、流程、管理上予以整体考虑、解决。在设计"网络准入控制"时,应参考ISO27001、BS7799中的有关重要安全原则。PDCA安全模型的核心思想是:信息系统的安全需求是不断变化的,要使信息系统的安全能够满足业务需要,必须建立动态的"计划设计和部署、监控评估、改进提高"管理方法,持续不断地改进信息系统的安全性。规划、设计和建设网络准入控制,实施统一的集成化管理平台,该平台向IT系统管理员提供一个统一的登录入口,有整体的终端安全视图,呈现整个计算机网络系统中所有终端设备的安全运行状况。管理员不仅可以看到终端的安全运行状况、终端的安全设置,也能够看到终端的软件配置、硬件配置以及终端的物理位置等信息。通过统一的集成化管理平台,管理员可以完成所有网络准入控制管理的任务。

2.网络准入控制功能

以国能北电胜利能源有限公司为例,该公司网络准入控制的功能和特点有:①能够在用户访问网络之前确保用户的身份是否合规,防止非法的或者不安全的终端接入内部网络系统,在通过准入控制认证之前,不能访问其他的网络资源或者破坏网络的性能和稳定性。②确保接入网络的电脑终端符合如下管控要求:必须安装H3Cinode,如果未安装将无法访问内部网络;必须符合网络接入安全管理规定,终端进行软件检查(如拥有合法的访问账号、安装了指定的防病毒软件、安装了指定的操作系统补丁等),如果不符合管理规定,将拒绝其接入。③对终端进行硬件检查,防止终端修改MAC地址接入网络。④手机、iPad等终端必须通过合法账号访问,或者由公司内部人员进行访客授权接入。⑤WiFi路由器等设备无法再自行接入,必须经过审批后,由网络维护技术人员进行配置管理。⑥终端接入统一由管理员进行审核绑定,DHCP统一固定分配IP地址,防止非法终端随意接入,禁止终端手动设置IP、随意修改IP接入网络。⑦对终端进行违规外联检查,终端离开当前网络环境,即禁止访问网络。⑧通过与网络设备的紧密集成(网络交换机路由器),在不改变网络结构(如路由调整),不降低网络性能和可靠性的情况下,可以支持对总部局域网接入、远程分支机构接入、VPN接入、无线AP接入方式的准入控制。

第四节 数据加密传输

密码技术是信息安全的基石,对于电力系统中传输的各类用户数据、状态信息、控制指令等数据信息,采用加密算法进行保护,可以更好地保证防护系统免受攻击,减少数据泄露和破坏的可能,而一种好的加密算法,也可以防止攻击者在通信过程中获取密文数据从而对系统开展攻击。现有的密码技术主要分为私钥加密技术和公钥加密技术,二者的区分在于加解密所使用的密钥是否相同,在不同应用场景需要根据实际情况选取合适的密码加密算法。

一、加密

使用一种算法使消息难以分辨，这种方法并不新鲜。像埃及人、罗马人，早已开始运用各种方法来加密消息。这些相对简单的技术通过不断演进，在第二次世界大战期间已经发展成一门学科——密码学。加密密钥用来加密信息，加密后的信息被传输给接收者，接收者使用解密密钥来重现信息。在传输过程中，一些人可以将加密的信息复原出来，采取不同的方式对其进行破译。

加密系统包括加密设计和加密方法，试图破译已加密文字被称为密码分析，密码学就是研究加密系统和密码分析的学科。在法国，对密钥的长度有着严格限制，最大长度为40bit的密钥可以被公众或私人使用；在私人使用时，密码的长度可达128bit，如果长度超过了128bit，密钥就必须传送到当地的网络安全主管部门。在美国或者日本，对于密钥长度的规定是不同的，人们应当关注当地对密钥长度的规定。现有的加密算法为两种：一种为对称密钥算法；另一种为非对称密钥算法，更通俗的说法就是公钥加密算法。

二、对称密钥算法

对称密钥算法使用单独的密钥来加密和解密数据。所有传输数据的用户都必须共享一个密钥。在这个算法中，有一个明显的漏洞：如何在发送者和接收者之间共享和传输密钥。目前人们已经开发了多种对称密钥算法，例如DES、RC2-RC6系列、AES（高级加密标准）等。

（一）DES（数据加密标准）

DES算法是由IBM公司和NSA（美国国家安全局）合作开发的。DES是一种"基于块"的加密算法，这个算法的密钥长度固定（40bit或56bit）。DES算法的目的是通过在密钥和文本之间进行一系列代入与置换来加密信息的，加密机制如下：①把需要加密的文本分成若干个64bit的块（block）（其中有8bit用于奇偶校验）；②对分割后的块进行初始置换；③每个块都分成两个部分，每部分32bit，分别称为左部分和右部分；④对左右两个部分各进行16轮操作，每一次操作都包括对这个部分进行代入和置换，每轮操作都将数据和密钥进行混合；⑤16轮操作结束之后，将左右两个部分合并起来，然后对合并后的块进行逆向初始置换。一旦所有的块都被加密，它们就会被重组以便产生加密文档,加密文档便在网络上传输,解密的时候也使用相同的密钥。DES仍是对称密钥算法的参考方式,仍在多个系统中得到使用。例如,40bit的DES算法被SSLIntermetv1.0用于信息交换协议。

(二)IDEA(国际数据加密算法)

IDEA是一种密钥长度为128bit的算法,被加密的信息将被分为4块,对每个块进行8次循环加密,每次循环将分别"异或"操作,在每次循环中,数据和密钥将被混合。这一技术使IDEA更加安全。

IDEA在广泛使用的PGP(pretty good privacy)软件中得到使用。

(三)AES(高级加密标准)

AES算法诞生于NIST(美国国家标准与技术研究所)2000年发起的用于代替DES算法的研究项目中。在AES算法中,块的大小为128bit或16bit,密钥的长度为128bit、192bit或256bit。依据密钥的长度,循环的次数可以为10次、12次或者14次。

在每次循环中,AES将进行四项运算。

①字节替换(sub bytes),在每个加密的数据块之中所使用的非线性替代(S)机制是不同的。

②行位移变换(shift rows),转换块元素的置换(P)机制。

③列混合变换(mix columns),在不同的块元素之间进行相乘的变换(M)机制。块元素的相乘形式与传统的方式不同,采用的是GF的形式。

④异或运算(add roundly),是一种密钥推导算法。它使每次循环都有一个新的加密密钥Ki,其中,i对应的是循环的次数。

数据信息在加密之前被分割成128bit的块。加密的第一步是把信息块和密钥进行"或"操作。然后,对每个信息块连续进行10次循环,每个循环都进行代替(S)、置换(P)和变换(M)操作。在每一次循环结束后,初始密钥产生一个新的加密密钥,变换(M)操作的结果与该密钥进行异或,所有这些结果进入下一次循环。在最后一个循环当中,不需要变换(M)操作,至此,数据块被加密。

一旦所有的信息块都被加密了,它们会被重组并生成加密信息,以便于在网络上传输。

三、非对称密钥算法

非对称密钥算法要解决的是在传输过程中对称密钥算法的问题。该算法中共有两种类型的密钥。

①数据解密的私钥,这个密钥要保密。

②对各个用户公开的公钥,这个密钥用于加密。

在两个密钥之间有一个数学关系,从公钥去推算私钥是很困难的。

公钥以纯文本的形式在网络间传输,因此该文本需要加密,接收者利用自己的私钥解密所收到的文本。

非对称密钥算法和对称密钥算法步骤大致相同,只不过非对称密钥算法使用了不同的算法,特别是 RSA(rivest shamir adelman)和 Diffe Hellman。虽然这项技术弥补了对称密钥算法的不足(密钥传输问题),但是这个技术比对称密钥算法慢很多。

(一)RSA

这个算法于1977年被提出,主要用来处理大数据的因式分解所带来的困难。

RSA 使用密钥的长度不同,可以为512bit、1024bit 和2048bit,但长度为512bit 的密钥并不是非常可靠。不过,现在 RSA 还被用于 SSL、Psec 和其他方面。在未来更好的算法出来之前,RSA 仍被认为是相当可靠的。

(二)Difle Hellman

Difle Hellman 是第一个被投入市场的加密算法。由于它在某些类型的攻击面前显得很脆弱,因此最好在鉴权机构的帮助下使用。该算法的一个亮点便是两个人可以共享密钥而不用要求安全传输。直到今天,该算法仍在使用。

四、混合密钥算法

混合密钥算法使用了前面所提到的两种技术,也就是对称密钥算法和非对称密钥算法。它吸取了两种算法的长处,并弥补了其中的不足。这些不足是众所周知的,例如对称算法不能保证密钥的传输安全,而非对称密钥算法对数据加密的速度较慢。

在发送数据的时候,发送者使用对称密钥算法加密信息。与此同时,发送者利用接收者非对称密钥算法的公钥对发送数据时使用的密钥进行加密,所以上述密钥就可以安全地在网络上进行传输了。

由于对称密钥算法的密钥长度有限,所以使用非对称密钥算法对128bit的密钥进行加密速度是很快的。然后,加密信息传送给接收者,由接收者使用其私钥对加密后的密钥进行解密,从而得到发送者在发送数据使用的对称密钥算法的密钥。

这个技术的另外一个优点是在将信息传给多个接收者的时候,不必再对信息进行多次加密。因为加密后的消息是与密钥一起传输的,需要做的就是考虑采用不同接收方的公钥对这个密钥进行加密。

五、电子签名

电子签名可以用来区别和鉴别数据发送者,也可以用来检验网络上传输的数据是否发生改变。

六、公钥的用法

除了良好的加密性能,非对称加密算法还有其他的方式对数据发送者进行鉴别,电子签名是其中之一。

为了便于识别发送者,发送者使用自己的私钥来标记信息。接收者使用发送者的公钥来确定接收到的信息已被标记。通过这种方法,接收者就可以确定接收的信息有没有被重组,并且确定信息是由发送者发出的。

虽然该技术确实可以对信息进行标记,但是它的加密性能却不能得到保证,因为加密之后的信息和公钥可能被截获,数据内容会被破解。

七、哈希函数

哈希函数对使用公钥和私钥进行签名提出了另一种选择。

哈希函数的目的是为需要传送的信息生成一种数字摘要,这个摘要比所要传输的消息要简要得多,而且很难从摘要中破译出原始信息,甚至是不可能的。这样就确保对发送的信息进行鉴权以及真实性鉴别。

发送者发送一组信息,并确保接收者能正确鉴权。为此哈希函数生成信息摘要,信息和摘要使用相同的哈希函数一起发往接收者,以便与接收到的摘要进行比对。如果摘要相同,这就意味着信息并没有被修改。

哈希函数经常与非对称加密算法合用,处理过程如下。

①发送者使用哈希函数处理传输信息,生成摘要。

②发送者使用自己的私钥对摘要进行加密。

③信息与发送者的公钥和加密之后的摘要一起被传输到网络上。

④接收者收到信息,并用相同的哈希函数对信息进行处理,重新生成摘要。

⑤接收者使用发送者提供的公钥对接收到的摘要进行解密,然后将自己的摘要与接收到的摘要进行比较。

⑥如果两个摘要相匹配,这个信息将得到确认。

有多种哈希函数都得以应用,特别是以下的这些形式。

①MD2、MD4和MD5。信息摘要2、4、5是为RSA安全局开发的,这些函数产生的摘要长度为128bit。其中MD2最可靠,它被优化为8bit形式,而另外两个为32bit形式;MD4对确定攻击相当敏感,因此MD4被放弃使用了;MD5是对MD4的升级。尽管MD5对确定攻击相当脆弱,但是MD5被认为是可靠的,且在多方面得到应用。在RFC1321中,MD5被IETF确定为标准。

②SHA和SHA1。SHA(安全哈希算法)和它的演进版本是由NSA开发的。

这两种算法可以为高达200万T bit的信息生成160bit的摘要。由于其摘要较大,因此很难受到攻击,而且攻克它所需的时间比对MD5网络攻击的时间更长。网络经常受到不同种类的攻击,有一些是消极攻击,例如为了截获信息而对网络采取破解不同的密码和密钥来对网络进行监听;另外一些就是主动攻击,这些攻击者试图控制机器或者攻击其他机器设备。

对安全哈希算法经常使用的攻击方式如下:

①拒绝服务攻击(denial of service attack)。这是最令人担心的攻击,这种攻击信息充满网络。如果遭到拒绝服务攻击,网络设备就不会再处理信息,有时候还会造成崩溃。

②粗暴攻击(brute force attack)。这种攻击通过所有可能的组合进行攻击尝试,以获得网络所使用的密码或者密钥。

③字典攻击(dictionary attack)。这种攻击使用含有许多单词的数据库来尝试密码或者密钥。

④欺骗攻击(spoofing attack)。这种攻击通过身份盗用来接入网络。它通过粗暴攻击或者字典攻击来获得某些信息,比如用户的登录账号和

密码。

⑤查询安全漏洞攻击。许多协议和控制系统因为设计原因而非常脆弱,从而出现许多漏洞。这些漏洞既可被攻击者用来接入主机或者网络,也可以被用来控制主机或者重建数据。

⑥病毒、蠕虫和木马攻击。这些攻击非常知名,它们可以破坏文件或者机器元件(病毒和蠕虫),也可能获得对主机的控制权或者窃取资源(木马攻击)。

八、PLC 网络安全

HomePlug建立了一个基于加密密钥的PLC私人网络系统,其加密密钥由PLC设备控制,用来提高PLC网络的安全。

这个机制对网络管理者和使用各种具有相同逻辑网络的PLC设备的用户来说,安全、可靠并且注册简单。这些功能使PLC网络的发展更加快速。

(一)PLC 设备在网络中注册的主要特点

1.安全性

首先,只有PLC设备拥有合适的密钥并且获得网络管理设备的授权和注册,才能在PLC网络中注册;其次,必须能够便捷地将设备增添至PLC网络,也能够很方便地将设备从网络中移除。

2.可靠性

相同的PLC网络必须能够稳定地提供加密密钥配置并且以相同的方式来支持网络中的PLC设备的连接或断开。如果密钥丢失或者设备反安装,应当可以重建原始的结构。

3.简单性

对网络管理者来说,管理不同PLC逻辑网络密钥的过程应当简单。为此,HomePlug1.0和Turbo确定了一个简单的密钥用来对交换数据进行加密。复杂的HomePlug AV定义了多个网络密钥,这些密钥由网络的协调设备来集中管理。

因此,HomePlug规定PLC逻辑网络基于NEK(网络加密密钥),对在不同PLC设备之间交互的数据进行加密。

(二)一个PLC网络可以通过多种方式来配置一个NEK

1.通过以太网接口

NEK的帧结构通过一个配置工具,在PLC设备网络中进行广播。所有的PLC设备通过以太网接口这一手段来重建配置。

2.通过电力接口

NEK的帧结构通过连接在PLC设备上的电力网络来发送。只有在知道另一个密钥即DEK(默认加密密钥)的时候才能这样执行。NEK对每个PLC设备来说都是特定的,由设备制造商在生产设备的时候遵循HomePlug规范写入到设备内存中的。DEK被配置设备和接收NEK的设备共同使用,以在电力网络上的NEK进行交互加密。

3.通过Web接口

如果PLC设备功能更强,像美国Asoka公司的产品一样,密钥可以通过一个简单的Web接口来管理。

(三)访问物理介质

在WiFi网络中,传输介质是共享的。因此,任何在网络覆盖区域内的用户都可能按照自己的意愿拦截数据或者重组网络。另外,如果一个不怀好意的人拥有的设备相当齐全,那么就算他不在这个覆盖范围内也能实现以上操作。这个人仅需使用天线(有无放大器均可)就能接入网络。

在PLC网络中,传输介质也是共享的,但是要想接入物理介质却是很困难的,而且具有潜在的危险。

然而,在PLC网络上的数据交换或多或少地使用了一些现有技术,特别是以下几项技术。

①使用适合NEK密钥的PLC设备接入到目标网络。

②依靠接近PLC网络中电力线路发射的电磁辐射来重建物理数据,但是这需要复杂并且昂贵的接收链。

③生产特殊的PLC设备,可以重建出被加密的物理帧,以便于解密它们。一个PLC设备有一个可以在电力网络上收发数据帧的电气接口和一个可以在以太网上收发数据帧的以太网接口。在两个接口之间,如果设备拥有来自PLC网络的正确NEK,数据才会传输;如果PLC设备没有NEK,以太网接口处将无法获得数据帧,因此,就无法轻易获得已经加密的物理帧。

(四)访问物理帧

在 PLC 网络中,传输的数据是由 PLC 帧承载的,被称为"物理帧"。在电力网络中,物理帧在各个插座之间以加密的形式传输,基于前文的叙述,想在其中接入物理介质很难。因此,这些帧实际上是被保护了起来,避免受到攻击,特别是那些企图收集足够多的帧,从而采取暴力破解方法遍历全部组合或使用不同解密算法的攻击。

另外,PLC 帧使用多个频带进行传输;每个传输频带都会使用不同的传输技术,例如在信道中使用二进制数据调制技术。

各种 PLC 设备都会根据 PLC 连接的质量采取相适应的数据传输技术,例如传输信道所能承载的比特率。为此,tone map 记录了 PLC 设备之间的连接以及网络上的其他 PLC 设备情况,并加以保存。为了接入物理帧,就需要时刻知道 tone map,以区别传输过程中所使用的不同技术。

(五)鉴权

对 PLC 设备的鉴权主要就是获取 NEK(NEK 用来区分设备所属的网络)。如果一个 PLC 设备没有正确的 NEK,它就不能与相应的 PLC 网络进行数据交换。

一些更为先进的 PLC 设备,如 Asoka 品牌的产品除了验证设备的 NEK 密钥还要对 MAC 地址进行鉴权。这个鉴权验证是在管理界面,通过一系列属于 PLC 网络的 MAC 地址进行管理而实现的。

(六)网络密钥

在计算机网络中,网络密钥被用来保护交换数据。这些数据在传输之前已经完成了加密。在一个 PLC 网络中,数据在共享的电网中传输。因此,对数据进行加密是很重要的,以避免被破译。为此,PLC 网络使用密钥来辨别网络和属于该网络的设备。

HomePlug1.0 使用两个加密密钥,分别为 NEK 和 DEK。它们被保存到每一个设备的寄存器中,并且可以通过修改 EKS(加密密钥选择)参数来进行访问。

有线等效保密(wired equivalent privacy,WEP)被用来保护 WiFi 网络中的数据,与此类似,NEK 以相同的方式鉴别 PLC 网络,完成以下工作。

①在相同的电力网络上构建多个 PLC 网络。

②对PLC设备之间传输的数据进行加密。

③验证设备是否属于该PLC网络。

(七)攻击

正如我们看到的那样,攻击的目的不是限制网络连接,而是从数据流中重建信息。攻击同时也企图打乱网络管理,既包括网络层,又包括物理层。

1.解密攻击

解密攻击的目的是发现PLC网络的NEK,以与PLC网络进行连接并且重建出交换数据。以下两个技术用来发现HomePlug1.0的NEK。

①需要访问物理帧并且保存足够的帧,以便于可以使用恰当的算法进行解密。但是这个技术非常复杂,并需要昂贵的、特定的硬件解决方案。

②使用所有可能的NEK组合访问网络。使用所有可能的NEK组合所需的时间,可以通过以下方法计算:PLC网络用户输入的密码(可能为4~24个字符)采用56bit的DES加密形成NEK。

2.拒绝服务攻击

网络攻击的目的不一定要破解加密算法以重建密钥,或者监听网络,或者接入网络,一些攻击的唯一目的就是通过组织网络管理来破坏网络,这种类型的攻击被称为拒绝服务攻击,或称作DoS。拒绝服务攻击在各种类型的网络中广泛存在。在PLC网络中,最简单的拒绝服务攻击就是干扰。因为网络一般控制在1~30MHz的频带内,如果在PLC网络中的同一个频带内以更高的功率就会产生干扰,并且整体使用就会受到限制,甚至可以完全阻止网络管理。这个攻击应用起来是最简单的,不过它还不太容易控制。

3.虚拟个人网络

虚拟个人网络(VPN)为客户和服务器之间提供了一个端到端的安全隧道。VPN用来辨别和鉴权,以便加密网络传输的任意数据流。对数据来说,IP sec是在VPN中最常使用的协议。IP sec标准根据不同安全等级的需求,采用的协议和算法是不同的,比如:由公钥电子签名(RSA)进行鉴权;由哈希函数(MD5)控制真实性;由对称算法加密,如DES、3DES、AES、IDEA、Blow fish等。

使用VPN是保护无线网络的最可靠的方法,这个方法也是最常用的。

第五节 态势感知与威胁检测

随着智能电网中互联网规模的快速扩大和科技创新带来的成本降低,计算机网络资源的流量呈爆炸式增长。一般情况下,智能电网中网络用户可以使用防火墙系统确保网络信息的安全。但网络攻击者拥有越来越多样化的攻击方法与工具,对网络信息安全造成了一定的威胁,使得现有的防火墙系统无法满足部分保密部门对信息安全防护的要求。

日志是智能电网信息安全防护中非常重要的数据。互联网项目往往是7×24h不间断运行,因此有必要为大规模网络流量日志设计一套基于网络异常流量检测的安全体系,从而获取监控系统运行的相关日志数据并加以分析。设计基于网络异常流量的检测系统,分析系统性能并进行测试。实验结果表明,该模型能够有效检测出网络中的异常流量,并为大规模网络流量的后续研究与异常检测工作奠定基础。

采用入侵检测系统、防病毒软件、防火墙等基础检测和安全防护手段,可以实现对智能电网的基础性防护。然而随着新型攻击手段不断出现,网络环境更加复杂多变,基础防护手段难免捉襟见肘,现有的检测和防御手段不足以应对当前日趋复杂的网络安全形势。在智能电网环境中,通过应用态势感知技术,一方面能够实现对信息系统运行状态的全面掌控,实现电网运行态势的智能化告警,在故障发生之前进行预测,帮助管理员提高对电力系统运行的控制力;另一方面可以准确地发现系统潜在的运行风险,实现安全状态的智能感知和安全威胁的实时检测,为系统运维人员提供准确全面的系统运行态势,一旦发生安全告警,系统可以快速准确定位问题原因并及时进行相应处置。

一、智能电网中网络安全态势感知

(一)网络安全态势感知概述

网络安全态势感知最早在航空领域中提出,其主要是通过对态势感知理论进行研究,以便对飞行器进行分析。随着该理论的逐渐成熟,逐渐广泛用于军事、交通、核工业等领域中。随着越来越多的人关注智能电网安全态势感知的研究,网络安全态势感知被提出。所谓网络安全态势是指由各种网络设备运行状况、网络行为以及用户行为等因素所构成的整个网络当前状态和变化趋势;网络安全态势感知是指在大规模网络环境中,对能够引起网络态势发生变化的安全要素进行获取、理解、显示以及预测未来的发展趋势。

1.态势感知

网络安全态势感知的概念起源于态势感知。态势感知的定义为通过提取系统中一定时空间范围内的要素,分析和理解这些要素的关系和含义,并且预测未来一定时空范围内可能的影响。

2.网络态势感知

网络态势感知系统通过数据融合技术成为下一代入侵检测系统的功能框架,并通过融合分析多源异构的入侵检测系统的检测结果数据,识别入侵者身份、分析攻击威胁程度等,最终实现网络态势感知。

3.网络安全态势感知

网络安全态势感知是指在网络状态下提取系统中的要素,并分析和理解这些要素的关系和含义,并且预测未来一定时空范围内可能的影响。网络安全态势感知是对网络安全现状的认知过程,包括从系统中获取到的原始监测数据,以及对已获数据的融合处理,最终实现对系统的历史状态及活动语义的提取,识别出存在的各类网络攻击活动以及攻击活动的发展趋势,从而得出网络安全态势表征和该态势表征对网络系统正常行为的影响。

4.智能电网网络安全态势要素的获取

网络安全态势要素的获取是态势感知的基础,网络安全态势感知的数据来源比较多元化,针对不同的流量类型与设备类型,其收集到的数据格式也会不同。网络安全态势信息主要有流量、运行状态、配置与用户行为等内容,通过主动或被动方式采集实时数据,对数据进行全面的收集,并使用成熟的指标体系,可以有效地确保结果的准确性,因此态势要素获取过程极其重要。

5.网络安全态势理解

网络安全态势理解在获取态势要素的基础上,通过对海量数据的挖掘分析,形成对各种不同安全事件的理解。通过使用大数据清洗手段将安全数据"降噪",清除无关因素最终获得安全态势理解的主要数据源,并通过建立网络安全事件分析模型,将网络安全事件中的主体、客体行为相关联,形成对现有网络安全事件的态势理解。

6.网络安全态势预测

网络安全态势预测是在对现有安全态势理解的基础上,从时间、资产脆弱性、安全事件关联性等不同维度进行综合分析,通过已发生的安全事件中包含的"核心信息"来预测可能发生的网络安全事件,最终能够实现"事前预防"的主动防御体系。当然,主动防御体系不能光靠态势感知系统来全部完成,用户同样需要通过代码审计、渗透测试等多种手段来发现自身弱点,查漏补缺,才能达到防患于未然的目的。

(二)智能电网网络安全态势感知研究意义

当前网络安全面临严峻挑战,在日益复杂的网络环境下,网络攻击呈现出复杂、多样、隐蔽、持续等特点,增大了网络安全管理的难度。面对日益复杂、隐蔽的网络攻击活动,学术界和工业界开发了各种威胁检测技术,如恶意软件检测技术、入侵检测技术、漏洞检测技术等,试图通过这些技术从不同角度发现网络系统面临的威胁。这些检测技术虽然已取得一定成效,但因为获取的网络安全情报信息以及分析的网络安全要素较为局限或碎片化,因此不足以应对当前复杂的网络安全环境。不足之处主要体现为:难以全面理解网络系统中存在的真实威胁;难以量化评估网络系统中的安全风险;网络系统的监控预测和应急响应能力不足。

网络安全态势感知技术通过采集、融合多种网络安全要素,改善当前威胁检测技术获取网络安全情报信息受限、分析网络安全要素碎片化的问题;通过关联分析网络安全要素之间的联系,提升面向复杂网络攻击活动的理解能力;通过量化评估局部威胁对网络安全的影响,进一步全面评估和预测网络安全态势;基于对当前和未来一段时间的网络安全态势全面精准把握,提高网络安全监管中监控预警和应急响应能力。

研究网络安全态势感知对于改善当前网络安全环境有着十分重要且必要的意义,主要体现在三个方面。

1.全面理解网络系统中存在的真实威胁

当前网络攻击活动往往呈现多威胁源、多攻击方式协同,攻击行为复杂且隐蔽的特点,传统的威胁检测方法由于缺乏对全局网络安全要素进行分析,缺乏对网络攻击活动进行全面理解,导致难以全面把握网络系统中存在的真实威胁,造成对威胁漏检的问题。

2.量化评估网络系统中的安全风险

当前网络攻击活动复杂多样,不同的攻击方式或威胁来源对于网络系统造成不同程度的影响,而且在多种攻击方式协同的情况下,现有的威胁检测系统难以对不同的安全风险进行综合量化评估,仅可能给出当前时刻网络系统是否存在威胁或遭受攻击的结论,无法评估潜在风险和预测未来一段时间的风险趋势,不利于安全管理人员做出决策。

3.提高网络系统的监控预测和应急响应能力

当前威胁检测系统仅能对正在发生或已经发生的攻击活动进行检测,仅能对已经存在的单一威胁来源进行检测,不能很好地适应当前复杂的网络安全环境。网络安全态势感知技术通过融合分析多类型的网络安全要素,量化评估和预测(潜在的)网络安全风险,有利于网络安全管理人员监控预测系统网络安全状况,评估并预测网络安全态势,提升应急响应能力。

(三)网络安全态势感知技术

通过总结现有网络安全态势感知技术,阐述网络安全态势感知系统框架,提炼网络安全态势感知技术中的关键组成部分,包括网络安全要素融合、主机威胁辨识和网络安全态势评估与预测。

1.网络安全态势感知系统框架

近十年,国内外学者提出一些网络安全态势感知的系统框架,旨在通过融合网络安全要素,分析并理解威胁与风险,全面评估网络安全态势。早在2007年,国外学者就已提出网络安全态势感知系统框架,该系统框架由7个部分组成:用户接口(user interface)、数据采集模块(data collection module)、网络安全态势察觉模块(situation perception module)、网络安全态势评估模块(situation evaluation module)、网络安全态势预测模块(situation prediction module)、安全性增强模块(security reinforcement module)以及安全数据库(security database)。

用户接口通过数据可视化技术向用户展现网络安全分析结果,包括网络拓扑、攻击活动依赖关系、网络安全态势分布情况、网络安全态势趋势等。数据采集模块通过采集网络系统安全要素,如入侵检测系统告警信息、可疑文件或恶意软件检测结果、系统漏洞、网络拓扑结构等,支撑网络安全态势察觉、评估、预测等模块分析网络系统安全性,以及网络安全态势分析。网络安全态势察觉模块通过规范网络安全要素数据,对网络系统安全要素进行聚合、关联分析,察觉网络系统面临的威胁,理解攻击活动意图。网络安全态势评估模块基于察觉到的威胁和漏洞,量化评估网络系统的安全态势。

网络安全态势预测模块基于评估的网络安全态势,分析网络安全态势随时间的变化趋势,描述网络安全态势变化规律,从而预测未来网络安全态势,安全性增强模块基于察觉到当前存在的威胁和漏洞或未来可能发生的潜在威胁,加强系统安全性。

安全数据库旨在存储各种网络安全要素数据。

国内学者对网络安全态势感知进行了综述,并提出基于网络安全态势察觉和网络安全态势投射的网络安全态势感知系统框架。该系统框架将网络安全态势感知分为三个阶段:网络安全态势察觉、网络安全态势理解和网络安全态势投射。

网络安全态势察觉通过对入侵检测系统的告警数据、资产间的依赖关系、网络拓扑信息等进行规格化处理,如聚合、形式化表示等,依据专家规则等分析网络活动间的语义关联性。

网络安全态势理解通过提取活动特征信息,进一步分析攻击活动的源头,辨识活动意图和攻击目标,识别活动身份,理解攻击活动。

网络安全态势投射根据辨识出的攻击活动,量化评估攻击行为对于网络、系统产生的威胁和造成的损失,并向管理员进行可视化呈现。

由于当前网络安全系统框架仅考虑入侵检测系统的告警信息,而未考虑其他系统异常行为检测的结果信息以及恶意软件检测的结果信息;仅考虑对已知威胁进行静态评估,而未考虑因风险传播给关联主机带来的潜在风险,所以针对这些问题,提出了改进的网络安全态势感知系统框架。

该系统框架基于上述2007年的网络安全态势感知系统框架,并针对现有网络安全态势感知系统框架中存在的不足进行补充。该系统框架包括数据采集模块、数据库、主机威胁辨识与理解模块、网络安全态势评估与预测模块、网络系统安全性增强模块、可视化接口。通过数据采集模块采集告警信息、网络拓扑、DNS数据、应用程序MD5、系统内核调用等,存储在数据库中,并通过分析入侵告警信息、恶意程序特征、异常系统行为/状态等,辨识和重构攻击活动,进而识别节点带来的潜在风险,对于潜在风险较高的节点,则通过主机威胁辨识与理解进一步确认,最后评估网络安全态势分布情况。此外,对于存在威胁的主机或网络节点,通过漏洞补丁、隔离威胁源、隔离风险域等方式增强网络和主机系统的安全性。

其中,主机威胁辨识与理解、网络安全态势评估与预测是本书研究工作的重点。通过量化主机威胁,并分析主机存在的威胁。

2.网络安全要素融合

网络安全要素融合旨在通过对网络安全要素进行规格化处理、聚合与关联处理,对不同的网络安全要素进行统一表示,支撑网络安全态势察觉、评估与预测。如基于主机系统安全要素关联的数据融合模型,通过对主机层、网络层、检测资源层、访问控制层、威胁层等要素分别进行融合。

3.主机安全威胁辨识

主机安全威胁辨识旨在通过聚合分析和关联分析,识别主机系统中存在的威胁,评估主机的安全性。通过采集入侵检测系统的告警信息,并对告警信息进行规格化处理,以便于对告警信息进一步分析。通过聚合分析降低告警信息的维度和冗余信息,并基于入侵活动的语义信息,通过关联分析重构入侵活动过程。通过专家先验知识库,基于模式匹配识别入侵活动,并理解入侵活动的意图。如基于数据挖掘的入侵告警信息关联分析,采用数据挖掘方法,挖掘入侵告警信息之间的语义关联,从而识别入侵活动;又如基于时序相似性的入侵告警信息聚合分析,通过较小时间窗口内的时间序列相似性对冗余的告警信息进行聚合处理。

4.网络安全态势评估与预测

网络安全态势评估旨在通过分析当前系统存在的威胁、漏洞以及其他安全要素,加权并量化各安全要素,并对当前的整体安全态势进行量化评估。如基于层次分析法的网络安全态势主观评估方法,根据专家经验为每个安全要素附上权重,并基于线性或非线性函数(如指数函数)进行加权求和。但这类方法基于专家主观经验,缺乏统一量化评估标准。网络安全态势预测旨在根据当前已量化的网络安全态势,分析网络安全态势随时间推移的变化趋势,拟合网络安全态势的时序变化规律,从而对未来一段时间内的网络安全态势进行预测。如基于无偏灰度理论和马尔可夫理论的网络安全态势预测方法,依据前一时间段内的网络安全态势,分析安全态势短期时序变化,但该方法仅适用于态势变化为线性的短期线性时间序列分析。

(四)现有智能电网网络安全态势感知技术面临的问题和挑战

1.现有网络威胁辨识技术准确性不足

网络威胁辨识技术作为网络安全态势评估的前置技术,通过识别主机中存在的威胁,为网络安全态势感知提供支撑。主机威胁主要体现在两个方面:一方面是恶意程序、恶意脚本在操作系统中执行控制、破坏、窃取等操作,表现为操作系统行为异常,可以采用异常行为检测系统进行检测;另一方面是网络中的控制服务器或其他威胁源对本地主机的入侵和控制等,表现为网络流量异常,可以采用入侵检测系统进行检测。然而,现有层出不穷的反检测技术,如加壳、混淆等,导致现有异常行为检测系统的精度和召回率不足,现有入侵检测技术对于来自黑名单之外的流量带来的威胁,往往通过聚合和关联分析,并基于规则库进行判别,随着网络攻击日益频繁、复杂和隐蔽,基于规则库的入侵检测技术存在较高的漏报率。

反检测技术导致现有恶意软件检测精度和召回率不足:网络攻击常利用恶意程序实现恶意企图,并采用反检测技术伪装恶意程序,防止被异常检测系统或反病毒引擎检测出来。常见的反检测技术包括加壳和混淆技术。其中,加壳技术通过对恶意程序的代码进行加密或压缩处理使得基于反汇编的静态检测技术难以奏效,同时使得异常行为被大量脱壳行为混淆,影响恶意软件检测的精度和召回率。混淆技术通过垃圾代码注入、控制流混淆等方式使得异常行为隐藏在大量正常行为中,影响异常恶意软件检测的精度和召回率。另外,异常程序的执行有时伴随有正常程序的执行,使得异常软件系统行为被正常软件系统行为混淆,影响恶意软件检测的精度和召回率。

2.现有告警信息聚合与关联分析技术漏报率较高

为了提升入侵检测的准确性,现有入侵检测技术通过对大量告警信息进行聚合处理,如将相同或相似的告警信息归并成一条告警信息,并基于规则库(或知识库)中的规则对告警信息上下文进行关联分析,从而降低入侵检测的误报率。然而人工构建的规则库存在一定时效性,且覆盖的入侵行为规则有限,人工构建的规则库的更新不仅耗费大量人力分析,而且难以应对当今不断变化的网络攻击,导致基于规则库的告警信息聚合与关联分析技术存在较高的漏报率,不足以满足当今网络安全需要。

3.现有网络风险量化评估技术依赖专家经验,适应性较差

为了能量化评估网络安全态势,现有网络风险量化评估技术通常依赖专家经验提取影响网络安全态势的关键要素,对其进行量化和加权,并基于评估模型或规则,对量化加权后的安全要素进行计算,从而评估网络安全态势。然而,专家经验存在一定局限性,导致评估模型适应性较差。主要体现在两个方面:①专家经验对安全要素进行加权时依据主观经验判断容易出现偏差,导致不准确;②不同的专家评判标准不一致,使得不同的评估模型难以迁移或融合。

4.潜在网络安全风险难以评估

网络安全态势评估旨在基于识别出的主机威胁,评估存在威胁的主机对当前网络产生的危害和可能存在的潜在风险。网络安全态势投射并非静态的,而是动态传播扩散的,与已存在风险的网络节点关联的其他网络节点同样存在潜在的安全隐患。然而,现有网络安全态势评估方法仅考虑静态风险,并未从时空维度上考虑风险传播对评估结果造成的影响,对网络安全态势评估不全面,难以评估潜在的安全风险。通过构建风险传播模型分析网络安全态势动态投射过程并量化潜在的网络安全风险。构建风险传播模型面临的挑战在于风险传播过程虽然受网络拓扑结构的约束,但在时空维度上呈现一定随机性,难以采用确定性的评估方法对潜在风险进行评估。

二、智能电网中安全态势感知系统

(一)Web日志分析

Web日志大数据实时态势感知借助原始流量的结构特征,通过Spark特征规则实现检测功能。态势感知主要将Web数据流信息作为数据源,通过提炼Web日志数据流标示访问URL,以作为Web数据包的关键信息,从而精简入侵检测判断中的信息量,提高判断效率。常见的日志分析方法有三种。

1.特征字符分析

根据攻击者利用的漏洞特征,判断攻击者使用的是哪种攻击。常见的攻击类型有SQL注入、XSS跨站脚本攻击、恶意文件上传及一句话木马连

接等。

2.访问频率分析

通过查看攻击者的访问频率来判断攻击者使用的是哪种攻击。常见的攻击类型有SQL盲注、敏感目录爆破、账号爆破及Web扫描等。

3.访问方法与操作模式分析

大部分攻击都是基于一个或多个特定操作特征来进行入侵的。因此，通过分析和过滤网络数据流的操作特征，可以发现相应的攻击模式。在粗粒度网络异常流量检测中使用该分析方法，对做好标签的网络日志数据集进行模型训练，可以快速有效地得到检测结果。

（二）Web大数据异常流量检测系统设计

1.系统模块组成

（1）数据提取模块

利用Flume镜像提取技术采集数据，对日志文件进行分光备份和数据传输。通过特定命令设置后台自动实时提取数据包，采集处理最原始的网络日志信息，用于后续的数据处理分析。Kafka双消息队列支持从Flume数据提取到Spark数据处理模块，再通过Spark数据处理模块将数据转运到Redis存储模块和前台展示模块。

系统中采用主流NCSA Web日志标准格式采集信息，依次为远程主机IP、E-mail、登录名、请求时间、请求方法、请求资源、请求协议、状态代码以及发送给客户端的字节数等信息字段。

（2）异常检测与机器学习模块

本模块采用基于回归分片学习的方法进行异常检测，构建了基于Spark ML lib机器学习库的云平台安全响应模型。整合大数据处理引擎，将机器学习算法灵活部署在云基础架构上，可实时处理访问日志，侦测外部入侵，友好规范地与其他模块对接数据。

该模型中，Spark Streaming流处理规定了日志标准格式，通过check-point提高容错率，将大量信息存储到HDFS，并初始化Kafka消费者与生产者。Kafka消费者接收来自Flume的数据流；Kafka生产者提供处理后的数据，并启动Stream流式计算。Stream流式计算中规定了标准日志格式，在得到日志数据后利用正则表达式对日志进行匹配，最终识别并记录格式化数据。若不匹配则用空值跳过，进行行数、日志大小、请求IP、分身、用户名、时间戳、请求方式、请求资源、请求协议、状态码以及流量数据的统计,并通过 Redis 连接池更新数据。基于逻辑回归的入侵检测分析数据,将其划分为正常请求与异常请求两种类型,并进行基于时间顺序的分类计数,最终将分析结果发送至 Kafka 并存储到 HDFS。

(3)数据后台与存储模块

系统通过 Redis 数据库保存各种数据流的分析结果,通过 Pyspark、Flask Socketio 以及 Redis 数据库联合设计完成后台逻辑调用,通过后台与存储模块实现各模块间的数据联动。利用 Pyspark 模块接收来自数据传输模块的消息,通过业务逻辑分析处理后存储到 Redis 数据库进行数据持久化,最终通过读取 Redis 数据库中的持久化数据,应用 htpp socket 链接传递给数据展示模块使用。

(4)数据展示模块

系统在数据展示模块利用 E Charts 技术动态展示数据流信息,并在看板上进行绘制。通过百度地图提供的 API 接口,将 IP 地址映射为位置经纬度信息坐标,并在地图上进行展示。设计中结合多个相关框架,通过 E Charts 进行数据图表化处理展示,实现了平台的数据展示功能。

动态刷新的数据流信息包括数据包的时间戳、IP 地址的地理位置、源 IP 地址、数据长度、状态码、传输层协议类型、请求数据资源、协议类型比例统计、状态码比例统计、端口号以及恶意检测结果。

针对异地账号登录,系统可调用百度的 API 接口暂时存储位置信息,可为后续研究网络溯源技术中的分析取证提供便利。

(三)高级持续性威胁

APT(advanced persistent threat)——高级持续性威胁(以下简称 APT 攻击)。APT 攻击者有明确的目的性,且会在攻击前期进行大量的准备工作,以确保攻击的成功率,最终通过长期潜伏在受控主机来持续获取有价值的资料。

1.APT 攻击的类型

(1)移动端 APT 攻击

这类 APT 攻击通常会利用移动 APP 接口漏洞来入侵应用发布服务器,从而通过应用发布服务器作为跳板获取有价值的信息。

(2)"鱼叉攻击"

正如该攻击的名字一样,攻击者通常会先选择目标"水域",观察"鱼群"的状态,然后利用社会工程学手段投出"鱼叉"。例如:一封包含恶意执行程序附件的邮件,邮件内容多以色情、反动或军事内容为主,当然也会有伪装成官方网站的邮件,指导用户打开可执行的附件来释放恶意程序进而潜伏在用户的主机中。

(3)边界防护设备漏洞提权攻击

防火墙并不能阻止入侵者渗透一个网络并获取有价值的信息。边界防护设备存在的漏洞给攻击者提供了绝佳的入侵机会,对于一些暴露在外网的防火墙设备,攻击者可以利用扫描工具来获取这些防护设备的漏洞信息,有些防护设备甚至还存在弱口令的漏洞。攻击者一旦获取了防火墙的管理权限,便可大行其道如入无人之境,降低防火墙日志发送级别,更改访问控制规则,然后进一步渗透其他主机最终达到获取敏感信息的目的。

2.APT攻击过程

虽然APT攻击者会针对不同的目标使用不同的攻击手段,甚至不同的攻击者对相同类型的目标使用的攻击手段也各不相同,但是大体上APT攻击的过程可以分为以下几个阶段。

(1)攻击前准备

当确立目标后,入侵者通常会使用社会工程学手段来获取目标的一切信息,这里的"目标"指的不是某个具有价值的主机,而是成为入侵跳板的人。入侵者会收集想要获取有价值信息企业中某些员工的有用信息,比如兴趣爱好、社交网络账号和邮箱等信息,同时还会对目标网络进行隐秘性较强的慢速扫描,在不触发告警的前提下,获取目标网络的端口开放情况和漏洞信息。

(2)攻击实施

当收集到足够多的可用信息后,攻击者开始发动APT攻击。攻击实施过程常以"鱼叉邮件"的方式来实现:高级攻击手段会通过大数据分析技术来划分目标种类,然后根据不同类别的人分别投放不同的"鱼叉邮件",邮件会根据目标用户的喜好而变化,且邮件附件包含的恶意执行程序会绕过邮件服务器的安全检测机制,让用户认为通过安全检测的附件不具有威胁性而放松警惕,当用户运行包含恶意执行程序的附件后,该执行程序会利用不同版本操作系统的提权漏洞获取高级权限,并在后台创建一个进程,开始与C&C服务器进行通信下载APT攻击工具。此时攻击者完成了APT攻击的初步实施过程。

(3)持续渗透

为了实现对目标主机的长期控制,攻击者会在下载APT攻击工具前利用提权漏洞来关闭反间谍软件,同时帮该用户修复其他可被利用的漏洞来防止该主机被其他黑客所控制。APT攻击工具通常会包含扫描工具,来扫描内网其他主机及FTP服务器,为了获取具有价值的数据,有些高级持续性威胁会持续数月甚至数年。

(4)信息获取

当攻击者取得了目标主机的长久控制权后,会逐步渗透至内网的其他主机,收集有价值的数据并使用SSL或TLS进行加密传输至C&C服务器或者其他已被控制的FTP服务器。在已经获取到有价值的数据后,如果被攻击者没有及时发现并修复漏洞,攻击者仍会长期潜伏在受控主机上,等待获取最新的数据。

(四)高级持续性威胁检测在网络安全态势感知中的应用

由于APT攻击的潜伏性和多样性,目前针对APT攻击的检测方法也越来越多。与传统的IPS和病毒过滤网关基于特征库的检测方式不同,APT攻击检测主要以网络异常流量数据分析、可疑文件沙箱检测和外部威胁情况获取等方法为主。

1.APT攻击的主要检测方法

APT攻击检测主要使用静态特征检测+虚拟执行沙箱+虚拟化运行系统+行为分析的方式来实现。首先通过对网络流量中的不同类型文件进行静态特征分析,将可疑文件导入虚拟执行沙箱中运行,在完全模拟真实环境下对可疑文件的运行过程进行监测,并对高级持续性威胁行为进行分析,最终确定攻击者使用的主要攻击手段及通信C&C服务器地址。同样也可以通过搭建一个蜜罐环境,制造一个常见的漏洞来引诱攻击者上钩,蜜罐环境中通常会放一些具有"价值"的数据,让攻击者误以为自己找到了"猎物"而开展一系列APT攻击,最后整个攻击过程会被记录下来生成APT攻击检测报告,帮助安全管理人员更好地加固自身业务系统,防止敏感信息外泄。当然,并不是所有的高级持续性威胁都能够通过虚拟执行沙箱和蜜罐环境检测出来的,对于越来越智能化的攻击手段,绕过APT检测机制的攻击已经成为可能。

2.APT攻击检测在网络安全态势感知中的应用

前文提到了安全态势感知的三要素及APT攻击的主要过程,研究表明通过网络安全态势感知可以有效地防止敏感信息泄露,在用户主机被渗透后能够及时发现侵入口和恶意行为,并且可以对可能受到攻击的资产进行高风险预警。

根据APT攻击的类型和主要攻击过程,可以筛选出符合APT攻击特征的相关数据,因APT攻击常以邮件附件、可执行文件的形式存在于用户主机,所以数据源首先为邮件网关日志、终端管理日志、终端防病毒、防火墙日志、4A系统日志和防火墙日志等。APT攻击常以邮件附件的形式存在于鱼叉攻击中,会以可执行的编译脚本潜伏在exe和pps的钓鱼附件中,当用户在不知情的情况下打开这些附件,可执行脚本就会释放有效攻击载荷,获取部分或全部权限,并在接下来的几天里分多个阶段下载并释放扫描工具,与C&C服务器进行通信获取进一步指令,并把已获取权限的主机作为跳板,扫描内部其他存在漏洞的主机,获取敏感信息并加密上传至指定的FTP服务器。

第六章 智能电网信息安全的发展新路径

第一节 大数据分析中的智能电网信息管理

现如今,越来越多的人都知道了"大数据"这个词,各个行业都在开发"大数据"的商业价值,"大数据"安全已经得到国家的高度重视。电力作为经济发展必须使用的能源,应避免浪费以及危险使用。我国现在已推出智能电网系统,用户可以通过手机、平板等电子设备线上办理相关业务。电力系统的网络化在带来便利的同时带来很多的问题,比如短信诈骗,虽然只是偶尔发生,但也暴露了网络管理上存在的诸多问题。"大数据"一旦泄露,用户的各项基本信息就会落入违法分子手中,用户的安全得不到有效的保证,所以,"大数据"的安全防护是切实必要的。大数据作为新形势下的产物,拥有预测的功能是它价值的体现,人工智能的发展也离不开大数据的支持。大数据可以用于个人的身体健康保养上,根据大数据提前对不同人群提供合理的建议来减缓或者消除一些危害;还可以根据历史搜索数据准确提供人们想要的东西,在国家出台相关的法规之前,有些互联网服务提供商通过软件的一些设置或者一些协议,让用户默许他们使用我们的数据,也就是一时轰动的"大数据杀熟",这样做的目的就是让有钱的人花更多的钱去购买东西,从而谋取利益。斯诺登也曾爆料过美国国家安全局2007年就已经做出了邪恶的计划,取名"棱镜",就是通过互联网服务主机,来了解每个人的各项指标,搭建人物标签。通过互联网服务器中的数据监听用户买了什么,用了什么等信息。在这种情况下,可以说每个人都是透明存在的。

随着电网智能化、互动化程度的提高和新的通信方式的出现,智能电网信息安全防护难度不断增加。为了应对电力信息安全新的挑战,我国电监会颁布了"电力二次系统安全防护规定""信息系统安全等级保护基本要求"等重要文件。在智能电网环境下,同样应遵循相关规定,并且结合智能电网下的新特点,从控制设备、终端接入、网络应用、信息系统、信息数据等各个环节,设计更严格的安全防护措施,满足信息安全管理需求,保证电力安全。

在智能电网中,多种多样的物联网传感器记录着电力系统运行状态,无时无刻不在产生着电力生产、传输、消费数据,是典型的大数据应用场景。2019年初,国家电网感知层接入的终端数量为5.4亿台套左右,随着泛在电力物联网建设的推进,到2030年预计将达到20亿台套。以终端数量为10亿台套计算,即使每只智能电表每天只上传3KB数据,那么数据库中每天也会增加约2.8TB,且随着时间的增长,数据存储也在不断累积,对如此大量的数据进行管理应用同样是较为困难的。这些海量数据一方面给数据管理带来巨大挑战,另一方面也为分析应用带来可能,电力运维人员可以从大数据中提取出数据模型和应用场景,从而更有针对性地改进网络结构和优化电力配置,以更好地满足用户电力需求,充分发挥海量数据分析的优势。

一、电力产生的大数据应用场景

目前我国使用的都是智能设备,如智能变电站、智能服务终端,电力公司可以根据传输的数据预判未来的电力消耗值,从而在发电的时候按照需求量发电,不会因发电过量造成浪费,也不会因为发电量减少造成局部停电。在输电中可以根据各个地区用电情况增加或者减少变电站数量,改变电线路径,减少因为电线线阻造成能源浪费;在配送电力的环节可以应对自如,不会因为电压过高造成变电器的损坏,根据不同时段电量的地区变化进行调度,可以合理地将电力输送到需要的地方。目前,我国正在不断加大对智能电力设备的投放力度,首先是终端数量,因为终端所产生的数据是居民用电的实际情况;其次是用以辅助的电压检测设备,其他的检测设备大多应用在产业园区中。

现在的电力正在不断地向着自动化方向前行,为了使电力使用合理化,国家也在投入大量的科研力量不断地研发更先进的设备。通过大数据可以分析出很多有用的信息,为国家决策服务。国家使用大数据可以使得各项政策的逻辑性增强,信息更加完整、准确,能够避免主观意识造成的决策。除此以外,可以更加明确各项政策执行后的效果,从业人员也能根据清晰的情况作出合理的安排。

二、大数据存在的安全风险

大数据是把双刃剑。第一,大数据可以服务于电力的各个阶段,但是给信息安全带来了很大的挑战。大数据中含有很多的用户信息,其中的用电量就可以分析出很多的有用信息,一旦被别有用心的人员使用,会造成用户的个人数据泄露的危害。第二,一些军事单位、科研企业的用电量都是保密的,一旦泄露会危害国家安全。第三,还有一些更加深入的安全风险,这些风险在电力的各项功能环节出现,比如在数据传输中,可以使用设备窃取,有的设备可以修改数据后再次传输,有的不法分子也会通过各种手段获取后台更高权限来截取数据信息。随着电子设备的迭代,所使用的设备也会存在无所不在的安全风险,让人很难防御。

三、智能电网安全面临的挑战

智能电网信息化、自动化、互动化的特征,使得信息技术得以更加广泛、深入的应用,随之信息安全隐患及由此引发的风险也深入到电网生产、管理的各个环节。信息系统及其运行环境的复杂,对现有信息安全防护体系提出了严峻挑战:更多类型的利益主体,更大规模、更复杂的信息系统,更加开放的系统环境,更加复杂多样的系统接口、业务流及信息流,更加复杂多样的通信网络,比如GPRS/CDMA、3G/4G、WiFi、传感网络。

现有信息安全防护策略需要进一步优化以适应智能电网的应用效能:信息系统的高度集成,数据广泛、及时交换,电网和用户的双向互动的需求。智能电网引入的海量大数据将对数据安全管理带来新挑战,比如数据辨识、数据验证、准确性、更新率、保密性等问题,尤其是用户隐私保护必须纳入信息安全防护整体考虑。智能电网众多的信息新技术及大量智能终端的广泛应用,将成为新的攻击目标,伴随的是更加多样化和智能化的攻击手段。

四、大数据的防护办法

(一)智能电网的信息安全防护管理

等级保护基本要求中的管理要求包括安全管理制度、安全管理机构、人员安全管理、系统建设管理和系统运维管理五个方面的内容。安全管理制度包括制度的内容要求及其制定、发布、评审和修订要求等;安全管理机构包括安全相关岗位的设置及职责,人员配备,事件的授权和审批,组织内外部沟通联络机制,安全审计和检查等;人员安全管理包括人员录用审查和考核,人员访问权限管理,个人安全征信,人员技能考核,人员安全意识宣教培训,第三方人员访问控制,第三方人员安全征信等;系统建设管理包括信息系统等级保护定级要求,安全防护体系的建设,安全产品的评测选型、自主及外包系统开发的安全风险管理,系统工程建设及评测要求,系统建设功能交付要求等级保护备案及定级测评要求;系统运维管理包括基础设施管理,资产管理,存储介质管理,软硬件平台管理,网络与信息安全管理,代码安全性管理,账户口令管理,变更管理,数据备份与恢复管理,信息安全事故事件的定级、响应与应急管理,专项应急预案,现场处置方案的制定、演练、审查和更新机制。智能电网背景下的信息安全防护管理应在落实等级保护基本要求的基础上,细化和增强以下几方面的管理内容。

1.安全管理机构方面

①明确电力企业主要负责人为本单位信息安全第一负责人,应分设配备专职信息安全职能监管人员、信息安全技术分析人员,如有条件可设立专职部门;②按照国资委信息化评价要求增加信息安全投入保障要求,按比例落实系统信息安全建设、运维及等级保护测评资金,将信息安全保障资金纳入系统建设规划预算方案;③细化沟通和合作要求,强化与行业监管部门、公安部门、通信运营商、银行等相关部门的交流与沟通。

2.人员安全管理方面

①人员安全意识薄弱,近年来发生几起信息安全事件的主要原因就是人员安全意识问题,而且城乡差距较大,县级供电企业人员的素质普遍较低,因此应强化对员工安全意识的宣教培训,可将与岗位相关的信息安全要求、技能和操作规程的培训纳入年度个人专业技术技能考核;②部分单位还存在第三方人员对外委托维护的情况,政治敏锐性与自律意识不足是普遍现象,这给企业信息安全带来的巨大风险。为此,电网企业需要明确与系统管理员、网络管理员及安全管理员等关键岗位员工签订保密协议和岗位安全协议。

3.系统建设管理方面

①应细化各级信息系统的等保定级流程;②增加信息安全产品的选型

评测管理,电力信息系统专用的安全产品应经过行业主管机构、安全评测机构认证;③加强外包软件源代码安全管理,建立系统代码分级安全审查评测机制;④系统运维管理方面,从出入库、分发、使用、变更、销毁各方面进行管理。

(二)电力系统所产生大数据的防护

对电力系统所产生大数据的防护至关重要,防护措施需要规范化,没有一个固定的防护机制,防护工作是无法高效地进行的。

1.搭建安全防护机制

保证用户信息不被泄露是大数据防护的重中之重:①做好人员的培训,设立标准化流程将数据的储存方式进行优化,检查传输的各个节点,做好网络防护,减少数据被窃取的风险;②借鉴欧盟针对大数据环境下隐私保护立法的实践经验,研究分析我国数据保护中的共性与个性问题,针对大量高发且影响严重的问题与环节,尽快出台既有预防性质也具有救济性质的大数据保护法律;③理清数据从产生到消灭全周期各主体间数据权属关系和交易规则,建立数据保护的专门机构并明确其职责、权限,与有关法律法规做好制度衔接,构建出完整、动态、协调的制度体系,有效平衡安全与发展的关系,为我国数据保护构建系统化、整体化的解决方案。

2.夯实技术保障

①在目前大数据所存在的场景下,加大力度快速突破现有的网络安全技术瓶颈,搭建网络安全信息交流并且同步上传的整合类平台,使所有网络安全数据可以共享并随时调阅;②将资源按照需求进行有效的分配;③提前演练一些危害较大的事故,做好突发情况下的应变措施。

3.提高安全意识

①对各手机厂商以及手机应用软件进行约束,让其不能窃取用户的数据,同时也要他们保证无法窃取用户数据,这样可以有效地避免在使用电力系统时电力数据网络被感染。②加强与诚信的商户合作,倒逼整个互联网市场良性发展,建立好大数据设施,提高防范的能力。③按季度找到第三方专业的安全团队,对现有的数据系统进行模拟攻击,找出漏洞。④对互联网现存的大数据合作平台做好监管,防止因为其他平台出了问题,影响到电力大数据平台的数据安全。⑤加强大数据安全意识宣传,定期组织线下的宣传活动;组织宣讲人员到社区以及学校进行培训。⑥设立群众投

诉以及举报的渠道,让人民群众积极主动地配合有关部门快速取证,及时解决问题;将电力的投诉纳入政府的监管之中,由政府监管切实地将问题真正解决,在源头上、态度上消灭各种的危害隐患。⑦此外,电力公司内部也要加强防范,提高安全意识。

第二节 人工智能对智能电网信息的稳定与预测

随着以模式识别和深度学习为主的人工智能技术应用的迅速发展,人工智能在各行各业的应用也越来越多,表示学习、强化学习、迁移学习等人工智能新算法的突破性发展,为社会各个行业的研究带来了新的研究方向以及更为高效的解决方案,特别是在计算机视觉、语音识别、机器翻译、自动驾驶等诸多领域取得了突破性进展。

在智能电网中,借助于大数据运行环境和人工智能预测技术,提高电力控制系统预测精度,对电力系统安全稳定运行具有重要意义。随着海量数据的汇聚接入,智能电网能够借助于各类人工智能算法,对这些多源异构数据进行智能分析预测。高准确度的智能电网态势预测至关重要,可以为调度人员提供辅助参考,对于未来可能出现的异常现象,提供及时预测和告警,不仅可以为系统运行优化配置、行业发展规划等提供有力支撑,还为安全预警、状态预测等分析提供了可行方案。

一、人工智能下电网信息安全工作现状

为了进一步提升电网信息的安全性,做好信息管理工作,需要采取有效措施弥补网络安全漏洞,目前在电网信息安全工作中存在的主要问题如下。

(一)网络入侵频率上升

从传统电网信息工作的角度来看,信息获取渠道单一、信息处理效率低下是主要问题,在人工智能技术广泛应用后,电网信息的价值被充分发挥,其作用也得到了更好体现,逐渐成为各大电网企业赖以生存的重要战略资源。也正是因为如此,会有更多黑客为了个人利益,采取网络攻击的手段不断侵犯电网信息网络,窃取核心信息,给电力企业稳定运行带来巨

大风险。如何采取正确手段建立网络安全屏障抵御黑客攻击,是现如今电网企业需要考虑和解决的问题。

(二)个人隐私保密性不强

在人工智能技术实际应用的过程中,各种数据都被集中保存到计算机中,数据的集中统一管理能提升数据收集和处理效率,但这种方式也存在一定缺陷。集中管理会进一步放大电网信息安全隐患,计算机中信息量巨大,运行负荷较高,很容易造成个人隐私的泄露。

(三)业务系统需要应对安全形势变化

为了提升电网信息的应用率,电力企业会出台一系列的规章制度,包括信息管理制度、网络协议等,就是为了提升电网信息的安全性,避免信息丢失。但从实际情况来看,随着信息安全网络强度的不断提升,黑客攻击的手段也更为丰富,攻防体系不断升级,且在原有的安全网络体系中也可能存在一定漏洞,因此需要做好权限控制,设置独立密码,避免泄漏重要机密信息。

二、人工智能下加强电网信息安全的策略

(一)加强数据信息保护

对电力企业而言,电网数据的安全性是其稳定发展的重要支撑,一旦出现数据丢失情况就会给企业带来巨大影响,因此做好数据备份工作就十分有必要。数据备份主要包括两种,本地备份和异地备份,如果是因为员工个人操作失误而引起的电网系统崩溃,就可以采用本地数据备份的方式;异地备份可以在系统崩溃、地域性灾难等情况下使用。在不同级别的电网系统中,需要采用对等的数据保护方式,例如用户自主保护、访问验证等,可以做到差异化对待,规范化管理。

(二)加强应用安全管理技术

想要有效提升电网信息网络的安全性,最大程度上避免黑客攻击,及时发现其中存在的问题,可以采用模拟攻击的方式发现现有安全网络中存在的漏洞,将安全分析报告上交给技术人员,同时应用安全扫描技术,自动检测网络系统中存在的漏洞,也能对黑客攻击、入侵及时报警,第一时间提示技术人员做好防护工作。在人工智能技术和扫描技术的应用下,能够实

现自动化补丁,减少电网企业的成本投入,同时也能提升信息的安全性。

(三)实施定量风险分析

对电网信息安全风险进行定量分析就是总结以往的经验教训,对电网在以前受到的风险进行分类,同时分析能够对电网网络造成不确定性影响的来源,量化风险敞口,提供必要的风险信息,为后续制定安全防护措施提供必要的信息保障。在定量风险分析的过程中,需要利用人工智能和计算机软件构建风险模型,对分析人员的专业性要求较高,电网企业也要投入额外的时间和人力成本。定量风险分析方式主要应用于大型电网系统,或者是对企业有重要意义的系统,能有效提升核心数据信息的安全性,降低风险。

(四)构建信息处理安全机制

在电网信息系统安全运行的过程中,人工智能技术是以互联网为基础的,在智能电网中扮演着重要角色。由于网络的互通性,当前智能电网工作模式主要采用网络共享机制,为了进一步降低数据被窃取、盗用的风险,就需要根据实际情况建立防火墙,提升系统安全性。除此之外,电网员工还需要应用大数据技术,对电网企业运行过程中产生的各项数据进行全面归纳和分析,挖掘数据背后所蕴含的信息,同时还要加强识别数据是否存在安全隐患,提升信息辨别能力。

有些系统漏洞不可避免,不法分子也会利用漏洞窃取关键信息,这就需要技术人员全面提升安全防护意识,做好网络安全屏障建设工作。例如在处理SQL漏洞时,技术人员就可以利用参数化查询接口对该漏洞的参数进行过滤。在对待整数和其他字符时也需要采取不同的应对策略,对于整数可以查看其变量是否满足要求;对于字母、符号等可以对其进行特殊转义。

除了SQL漏洞之外,常见的还包括弱口令漏洞,技术人员要在充分了解该漏洞原理的基础上,采取合适的措施,例如设置登录口令,提升口令的密码等级,避免应用同样的字符,使口令长度尽量多于8个字符,加强其安全性。

(五)提升硬件设施安全性

想要有效保证电网信息的安全性,就要以强大的基础硬件设施为基础,强化物理环境安全性,升级硬件设备,避免计算机损坏对数据信息造成影响,也能有效避免数据量猛增导致系统运行无法满足要求而出现的崩溃情况。从以往的实际经验来看,电网企业需要在硬件设施方面加大资金投入力度,做好安全防护,配备完善的智能化计量装置、数据储存等设备,这些设备能够辅助网络安全系统抵御网络攻击。不仅如此,由于电网信息存在一定特殊性,需要技术人员定期对设备进行检修和维护,营造良好的物理环境,为企业稳定运行提供必要保障。

(六)提升数据安全性

在提升数据安全性的过程中,可以从不同的角度出发,充分考虑安全分区,横向、纵向隔离等方面的问题,使电网信息安全防护机制等级有质的飞跃。技术人员需要充分发挥人工智能技术的作用和价值,对电网信息数据进行加密,这需要技术人员具备一定的密码学意识,对已有信息做好加密处理。除此之外,还需要意识到防火墙技术对提升网络系统安全性的意义所在,应用隔离技术、杀毒技术对电网数据进行有效保护,避免出现数据篡改、复制的情况。在此基础上,可以建立电网信息数据库,提升电网信息的自动备份和遇到突发情况的恢复功能。与此同时,还可以本着双向传输的原则,提升数据的完整性、真实性,确保电网企业各项业务能够顺利开展,增强电网数据传输的安全性,还能有效化解恶意操作对系统带来的负面影响。

(七)完善保护机制

建设电网安全网络保护机制的过程中,需要充分考虑到企业运行情况和网络状态,技术人员可采用动态防御技术和蜜罐技术。蜜罐技术就是欺骗黑客对网络进行攻击,以"蜜罐"为诱饵一步步诱导对方对系统进行攻击,在此基础上,就能充分了解到常见的网络攻击方式和手段,查看被攻击的漏洞是否为企业核心机密,从而有针对性的提升电网信息网络的安全性。

总而言之,近些年我国经济发展进入了全新阶段,人工智能技术的应用也更为广泛,给电网企业发展带来了新的机遇,同时也使其面临更严峻的挑战。电网信息的安全性对社会稳定、人们日常生活都会造成重要影响,要切实解决现存问题,加强技术研发和应用,为电网信息安全发展注入新的活力。

第三节 区块链与边缘计算的影响

一、区块链

区块链技术(block chain)是一种新兴的分布式共识技术,其具有安全性、匿名性、可追溯性的特点,在电子支付、物流仓储等多个领域取得较好应用效果。区块链可以以一种去中心化的方式,实现不可篡改的交易记录存储,在智能电网领域,数据的安全性与不可篡改性恰好是电力网络需要具备的,因此区块链技术和智能电网可以很好地结合,更好地发挥区块链分布式账本的优势,实现智能电网中安全的交易数据存储和智能执行操作。然而,在区块链技术中,各个节点需要一定的计算资源支撑区块计算,如何选取合适的算法以满足计算资源和数据安全性的统一,是需要权衡和进一步研究的。

智能电网网络中分布式发电和储能的项目和设备越来越普及,比如电动汽车在用电高峰期作为发电设备进行发电,在用电低峰期作为储能设备进行充电,实现削峰填谷。按照这种电力双边交易的模式,其他多种分布式电源比如农村中分布广泛的光伏发电、储能设备等接入电网中进行交易。随着人们需求的多样化,各个区域间的设备需要联合起来进行数据共享、互相访问,通过共享资源和服务及组织间的相互操作实现协同工作。而现有方案中终端接入电网的计算开销过大,跨域认证方案较少且效率低下,智能电网数据的存储和共享过程存在占用内存过大和访问安全性低等问题。本书将区块链技术作为了主要的研究方向,区块链的不可篡改性、数据一致性等为隐私保护提供了保障,去中心化信任、数据安全等为跨域身份认证提供了理想的安全保障,包括消除中心故障点、保障可靠的交易记录等。基于区块链技术为智能电网系统构建一个高效的跨域安全通信服务模型,保证电网在信息共享和资源互访过程的安全性和高效性,具有十分重要的意义。

智能电网主要功能包括发电、变电、配电、用电和调度等环节,而在配电环节所面临的主要问题就是对大量分布式电源的运行管理,如果用集中式的中心机构来管理,会因为电源所属不同的区域而难以调度,并且会存在易被集中攻破、维护成本高和隐私泄露等隐患。区块链中交易信息按照时间顺序存储于节点上,存储的交易账本由所有节点共同维护,交易数据难以被篡改,安全性较高。利用区块链技术能够解决智能电网中分布式能源如电网电池储能和电动汽车等能源就地消耗等问题,具体可以总结为以下几点:①数据可信。通过将智能电网中数据采集基站作为联盟链中的验证节点来共同维护电网账本,数据无法篡改,能更好地确保数据的准确性和可信性;解决了分布式电源分布广泛,数据采集成本高的难题。②逻辑可控;通过设计区块链中智能合约的逻辑规则来下发各类控制命令,过程可控。将其与智能电表结合使用,能够使得电网系统变得更加智能可控。③自主节点。根据区块链去中心化的特点,智能电网中智能电表和感知节点等设备可自主选择和控制自身信息的访问权限。④非中心控制。传统的中心化的数据采集处理数据的安全性低、维护成本高,面临中心节点失效、恶意篡改等多种信息安全问题,并且在维护过程中需要以点对点的方式进行数据交换,需要大量的接口调用;区块链凭借其去中心化、Merkle 树存储结构以及分布式节点共识算法可以很好地解决上述问题。区块链中,任何的篡改都会被记录下来,能够保证数据的完整性,可用于改进电网数据的存储问题。

随着人们日益增长的需求,智能电网系统中多个区域间的设备需要联合起来进行数据共享、互相访问,通过共享资源和服务及组织间的相互操作实现协同工作,在这一过程中必然存在身份认证问题。分布式电源的普及能够将电能就近传输,大大减少了传输过程中的能源消耗,《国家电网公司关于促进分布式电源并网管理工作的意见》对分布式电源的工作方式进行了描述,将其抽象总结为在用户内部网络存在区域 A 和区域 B,分布式电源作为发电的信息服务实体,设区域 A 中存在分布式电源 A 与负载 A,区域 B 中存在分布式电源 B 与负载 B,若配电网失去系统电源或系统电源与分布式电源并行供电,存在负载 B 对分布式电源 A 或 B 发出购电请求的场景,需要执行身份认证操作。根据分布式电源是否与负载同域,身份认证分为了域内身份认证和域间跨域认证。

对于域内的身份认证,国内外研究已经较为成熟,其中 PKI 域身份认证目前是应用较多的信息服务信任域认证框架。但是现有的多种远程终端加入电网认证方案还不能有效地解决成本的问题,并且跨域认证的方案也较少。对比PKI的跨域认证受到证书机制的制约,维护成本较高,并且跨域认证的效率较低,区块链的去中心化信任、数据安全等为跨域身份认证提供了理想的安全保障,包括消除中心故障点、保障可靠的交易记录等。通过选择一种合适的区块链形式,并设计较证书而言结构简单的标识来实现这一过程,便能够改善传统的跨域认证方案,提高跨域认证效率,自动、智能管控分布式电源的接入和认证。因此,基于区块链技术并结合密码学知识及智能电网的特点,提出一个完整的跨域认证方案是十分必要的。

区块链技术中,所有参与的节点都存储全部的区块链数据,在智能电网系统中这些节点对攻击的防御能力不同,本身的属性能力和对数据处理能力也都不相同。比如一个地区分为了居住区、工业区等多个区域,每个区域有一个数据采集基站对智能电表信息进行管控,根据对电能需求等差异,工业区的数据采集基站对于电能的处理能力比居住区的数据采集基站处理电能的能力要高很多,并且没有中心节点对其进行管控。将数据采集基站作为联盟链中的验证节点,节点之间存在差异,需要对能力高或者安全性高的节点附以更高的权限。此外,在数据共享时也需要根据节点的能力或安全性等属性特点设计一套访问控制机制用以规范访问者并提高访问效率,通过这些改进来提高智能电网安全性和实用性。

(一)国内外研究现状

区块链在2008年被首次提出,其应用场景多是部署在公有链上,但是由于其公开性,任意节点都有权限写入、读取数据,存在用户隐私泄露的隐患,为保护用户隐私提出了联盟链和私有链。私有链仅允许内部用户维护区块链内数据从而达到保护隐私数据的目的;而联盟链是建立在一些预选节点上,并非全网节点,并且联盟链的预先设定节点数量比私有链灵活,可以设计交易过程,其他节点只拥有通过接口读取数据的权限,集合了公有链和私有链的优点,因此本书选择联盟链作为基础设计跨域模型。

国内外对于数据隐私保护的研究很多,将区块链应用于智能电网系统用于管理电力分配及用户数据隐私保护方面的资料却很少。在目前的研究中,将数字签名和传统的区块链技术相结合,在电能交易和验证过程中保证了其安全性,但是传统的区块链技术在共识阶段需要全网节点参与,会造成巨大网络资源消耗。基于区块链设计的MedRec系统将数据的哈希值作为索引存在区块链中,查找数据时根据哈希值来进行操作,提高了系统的可操作性。权限区块链将数据及权限哈希值进行存储并执行加密操作,提高了区块链系统的效率和安全性。侧重于用户本身对于数据的操作,基于区块链设计了分布式用户数据管理系统,对用户数据隐私有很好的保障。盲签名技术与区块链的智能合约相结合,对交易数据进行匿名操作,很好地保护了数据隐私。目前的比特币交易系统中交易信息完全暴露在网络中,没有能够真正保护交易。一种 Hawk 的分布式智能合约能够隐藏交易数据,但是其所要求场景不切实际,没有实用性。

2019 年 8 月末,国网区块链科技(北京)有限公司正式揭牌成立,入驻中关村科技园西城园,隶属国网电子商务有限公司。据了解,国网区块链科技(北京)有限公司聚焦区块链技术研究、产品开发、公共服务平台建设运营等业务,定位于打造电力物联网建设的公共技术手段、万物互联的超级纽带、市场公平交易的安全防线、数字经济的信用保障。下一步,该公司将携手合作伙伴共同打造"区块链中国版本+电力特色"的新一代数字信用基础设施。依托国家能源局"互联网+"智慧能源示范项目——"嘉兴市城市能源互联网综合试点示范项目",国网浙江省电力有限公司在嘉兴海宁进行光伏补贴业务的试点验证,研发了区块链网关用于光伏发电数据的采集,并在嘉兴海宁分布式光伏用户现场部署了8套区块链网关,初步实现了基于区块链的光伏发电数据采集。此项目探索了从采集设备端直接将数据发送给用户、监管部门等相关方。

智能电网中存在大量分布式交易管理,若采用传统的集中化中心控制的方式,会造成安全等级低、隐私泄露和维护成本高等问题。区块链技术利用分布式的存储技术,网络中的节点共同维护一个数据,数据难以篡改,安全性较高。近年来,区块链在当今社会越来越受到关注,而区块链机制和相关的安全技术已成为学者们关注的热点。区块链作为一种新的分布式计算范例,是一种去中心化的、不可篡改的分布式分类账,可以使用网络技术通过其数据结构、基础架构、智能合约和共识机制来实现节点间点对点信息传递和协作。保护数据的隐私和安全性是网络传输中最重要的环节,安全多方计算要求每个参与实体都不能从其他参与实体获取任何输入信息,数据各方的输入不会互相干扰,保护了用户的隐私。秘密共享是安全多方计算最常见的算法形式。

(二)区块链的数据结构和基础架构

区块链从本质上来说是一个全球性的账簿,它是一个开放的去中心化分布式数据库,采用共识算法和加密技术,以确保其数据的一致性和安全性,最终实现基于去中心化的点对点的信息传递和协作。

区块链系统可根据其设计模式和应用场景分为公有链、私有链和联盟链。在公有链内,所有参与的节点以扁平的拓扑结构相联系节点的加入和退出不受限制,区块链中的信息可以被其读写和验证,比特币便是公有链的代表应用;私有链中的成员有很高的封闭性,一般仅有国家机构或者个人成员来使用,读写管控严格;联盟链中的节点必须通过中心节点的授权后才能进入,进入后作为系统中的预选节点参与记账,节点可以读取区块链中数据。

从区块链的结构中可以看出,区块链中的节点通过哈希函数以及Merkle树结构将交易信息封装到数据区块中,加入时间戳来记录封装时间。区块体内记录了一段时间内的交易信息和交易数量,交易生成Merkle树,并经过散列计算将Merkle树的根记录在区块头中。区块之间通过链来连接,获取记账权的矿工将当前区块连接到区块链中,依次连接,形成一个记录完整交易的区块链,通过区块头中保存的前一区块的哈希值可以追溯到任何交易记录。区块链是一个按照时间为顺序的交易账本,不可篡改和伪造。

交易数据存储在Merkle树中,Merkle树指的是从底层交易数据到根哈希的完整树结构,底层数据通过哈希函数逐层求值至根Merkle节点,区块头只保存哈希值并不保存交易数据。哈希函数具有单向性,不同数据的哈希值差异显著并且无法从哈希值直接得到原始数据。比特币系统通常采用双SHA256哈希函数,运算结果为长度256位的二进制数。

区块链被广泛应用于比特币系统等多种数字货币系统中,区块链的底层数据结构和基础架构使其具有去中心化、持久性、匿名性、可追溯性和不可篡改等特性。区块链的基础架构系统以比特币交易系统为例对其进行分析,建立了一个结构化的分布式通信系统结构。

根据OSI七层模型分析的思想,需要从最底层开始进行分析,数据层由模型的基础数据和安全密码算法组成,数据区块、链式结构和时间戳等是区块的封装构建部分,而加密算法保障了交易过程中的安全性。之后是网络层,网络层主要包括对等网络(P2P)组网技术以及数据的传播和验证,实现网络中节点之间的连接通信等功能。共识层是模型的核心组成部分,主要包括多种传统和新型的共识算法。激励层包括经济因素中的发行和分配机制,主要是用来激励区块链中节点参与计算和验证工作。合约层主要是逻辑部分,通过脚本编写和逻辑算法的设计来实现需求,可通过编程实现。应用层存在于多种应用场景,包括金融服务、征信、权属管理、贸易管理、数字货币以及跨境支付平台等多种场景。

(三)区块链的网络协议

下文主要是对区块链的网络层协议进行详细分析,当节点所生成的区块经过了网络中大部分节点的验证,该区块便可以链入区块链,因为几乎没有人能够同时攻击控制庞大的网络节点,所以保证了网络的安全性。

网络一般都遵从小世界模型,模型是由簇节点汇合而成,节点分为普通节点和簇首节点,由普通节点来辅助簇首节点完成记录任务。记录任务时,普通节点仅对本簇数据进行记录,而簇首节点不仅记录本簇内信息还记录其他簇内数据信息。在查找信息时,先在本簇内查找检索,若未找到再在同等级的簇首节点查找。这样查找的路径较短而且节点之间聚合程度也较小。

区块链网络遵从此协议,基于对等网络(P2P)来组织节点进行区块的生成和验证。根据存储数据能力将网络中节点分为全节点和轻量级节点,全节点存储了从创建区块到当前的所有区块信息,并且还参与区块的认证与更新,全节点的维护需要消耗较高的存储。轻量级节点只需要维护部分区块信息,当查询数据时,若在轻量级节点存储信息内查不到,便向最近的全节点请求,提高了查询验证的速度并且降低了节点间的聚合程度。

当网络中的节点在一段时间内的交易生成区块后,需要将其传播到全网,通过其他节点来对区块进行验证。

比特币系统中的区块链数据传播协议主要包括以下几个方面。

①比特币的交易节点在产生交易后会将交易信息加密然后广播到全网,其他的节点不断从网络中收集所广播的交易信息,通过验证的交易以Merkle树结构存储并通过哈希函数生成Merkle树根,加入时间戳,生成一个区块。②在生成区块的过程中,所有节点对当前区块执行共识算法。节点基于自身计算能力找到数学难题的答案,即通过解随机数,来竞争区块

记账权。最先解出答案的节点将随机数广播到全网,由其他节点进行验证,若此随机数正确并且该交易没有出现在区块主链中,那么该节点便争得记账权并进行广播。

获得记账权的节点将区块链接到主链上,若几乎同时出现多个节点同时解出数学难题,那么先将其区块都暂时链接到主链上,直到某个分叉链的长度比其他分叉链长更长时,那么,更长的分叉链便会链接到主链上。当主链存在1和2两条分叉链时,两条暂存于主链,当2分叉链长度超过1时,2分叉链将会链接主链。获得记账权的节点获得本轮的奖励,本轮挖矿结束,节点之间重复上述步骤开始下一轮竞争。

(四)智能合约

由区块链的基础架构可知,合约层包括了各种脚本和算法,其中各种逻辑是实现编程的基础。智能合约的本质是通过逻辑关系和相关的状态组成的链式代码来对如何处理交易制定规则,是区块链中的核心内容。智能合约实现的大致过程分为了创建合约和调用合约。在区块链系统中,用户的私钥由自身保管,公钥存储在系统中,公钥可以被视为区块链地址。通过编程语言将用户的权限合约转化为二进制合约码存储在本地网络,经过本地网络所有的用户对其进行签名,经过节点确认再经由以太坊虚拟机将智能合约部署在以太网私有链中,再向用户反馈智能合约地址和调用指令以方便外部用户的调用。在现实中,是通过Solidity妙语言编写智能合约,需要将其编程为字节码文件,对接口进行规范,在以太网平台部署智能合约的字节码;外部用户可以通过JavaScript编程外部程序,用web.js和接口调用智能合约完成账本共享。

(五)共识算法机制

区块链网络中的节点根据存储区块数据容量分为全节点和轻量级节点,各个节点共同维护,但是这些节点没有中心节点来指挥协调,因此必须有一个共识机制来完成这个协作。这个共识机制要解决三个问题:①区块链系统内的节点如何公平地参与竞争记账权,一次只能有一个可以记账(分叉问题已经解决);②如何保证竞争者不会合谋攻击系统,确保机制的安全性;③竞争的时间和竞争者数量不确定,如何保证数据的一致性。

常用的共识机制有以下几种。

POW应用于比特币中,其主要思想是各个节点利用其计算能力进行猜数运算,每个区块头都有一个Nonce随机数和当前难度,他们通过计算哈希来竞争,当某节点首先计算到正确随机数时,该节点胜出,获得记账权并广播到网络中,之后获得系统奖励,然后开始下一轮竞争。该共识机制的优势在于,非法者难以垄断如此大量的节点,作恶成本过高,保证了系统的公平公正性;完全去中心化,节点可以自由进出。缺点是竞争失败的节点不会得到任何奖励,造成了资源浪费,而且需要达成共识的时间周期较长。

POS主要思想是根据系统中节点记账的权重比来分配记账权。POS起源于博弈论思想,也就是说权益越高的节点越希望记账是安全的,从而保障系统正常运行。节点的股权数量和时间的乘积也就相当于区块链系统的权益。该机制中节点获得权益后可以开辟新区块,新区块开通后便会消耗部分权益但是系统会给予节点货币鼓励,这样便可以降低成本,缩短达成共识的时间,避免了POW中大量无意义的计算。缺点是其安全性较低,无法避免长程攻击和无利害攻击。

DPOS主要思想是通过代币持有者投票选出共识节点,这些节点充当代理人去行使记账的权利。通过这种公平投票的方式来代替竞争过程,提高了共识速度,并且通过民主的方式来实现共识。缺点是依赖对节点的信任,存在着被非法者集中冲票从而受到攻击的危险。

PBFT通过节点之间三段认证来达成共识,简化了算法的复杂度,主要应用于异步环境中。节点分为主节点与从节点,主节点可以按照自己规定的规则选取节点,遇到非法交易时根据视图切换协议来进行视图切换。缺点是选取主节点过程可能被攻击,而且该系统仅适用于节点数量不是非常大的情况,否则系统共识速度会有明显降低。

(六)安全多方计算与区块链(SMPC)

虽然区块链和安全多方计算都是按照特定规则(协议)进行交互,但区块链主要是为了共同对计算的正确性进行验证,从而实现对结果的一致认可并防止结果的记录被篡改,而SMPC的目的是为了在输入保密的情况下,得到计算结果。区块链重在可验证的计算,强调的是计算的可验证性,这一过程中并不考虑输入数据的保密性,而SMPC强调的是计算过程中对于输入数据的保密性,但是并不能确保数据是可验证的。虽然二者都是遵循一定的规则(协议),但是协议却不完全相同。以下具体比较了二者的主要区别。

1.实现机制不同

在区块链里节点通过共识机制达成共识,而在SMPC里节点通过隐私计算协议完成加密运算。大多数共识机制是通过冗余执行实现的,各个节点都能对交易信息进行访问,而隐私计算的核心思想是不让其他节点看到保密信息。

2.目的不同

区块链的目的是实现计算的可验证性,让节点一致证明交易的存在性,而SMPC的目的是确保在计算过程中对输入数据的保密性,在不暴露明文的前提下完成某种运算。区块链的有效运转往往依赖于以Token为形式的激励机制,确保各参与方持续协作完成交易,而SMPC并没有内生的激励机制。

总结来说,区块链和SMPC在应用中发挥的作用不同,两者并不排斥,而是可以综合使用的。区块链可以通过采用SMPC技术来提升自身的数据保密的能力,以适应更多的应用场景;SMPC也可以借助区块链技术实现冗余计算,从而获得可验证的特性。当然,由于冗余必然造成了数据的复制,再加上二者安全假设不一定相同,因此要将二者融合应用需要进一步的研究和设计。

在现实中,随着数据隐私问题的愈加突出,已经出现了一些SMPC和区块链结合的应用。例如Z Cash通过零知识证明的手段在Bitcoin上添加了保护交易隐私的功能。另外,在加密货币之外的领域,比如联合征信、医疗数据联合建模、拍卖清算、广告推荐等应用场景,以区块链做存证、以SMPC做隐私保护就是一个很好的解决方案。

(七)传统的区块链存储方式

Data coin作为一种数字货币的同时也是一种可靠的去中心化数据存储服务,它将数据文件存储在区块链所有参与节点的本地硬盘,每个全节点都有一个本地副本。这个方案会随着交易数据的增加而产生一个很大的问题——区块链膨胀。区块链中基于完全冗余数据保证数据的一致性,每个全节点都会有存储于链上所有数据的一份全拷贝。区块链中节点数量很多,这意味着当每个用户只需存储几兆字节数据时,在整个区块链中的存储消耗将巨大,对于区块链系统的扩展和应用会有很大的影响,所以这种传统方式是不可行的。

通过选取可靠性较高的几个节点,然后将数据备份在这些节点,在数据查询和验证的过程中,从可靠性节点上读取数据,这样能够很大程度上减少在区块链上的空间消耗。用户将数据分片之后加密放在存储节点中保存,区块链通过哈希函数计算分片数据的哈希并添加到分类账中。而验证节点负责检测每个时间的储存节点的可靠性并记录。在进行数据存储时,系统先通过验证节点查找出可靠性较高的存储节点,然后将分片数据保存在选出的存储节点中。验证节点的可靠性是由其历史行为决定的,最初节点的可靠性是一样的。随着验证次数的增加,如果节点保存数据保存完整,节点的可靠性值不变。若节点保存的数据损坏或丢失,节点的可靠性减少。用户每次存储数据都会根据节点的可靠性来选择存储节点。

上述分片存储方式,在数据量较大时也只是将数据分片存储在可靠存储节点,相较于原有存储方式,其存储空间没有明显变化,但在一定程度上减轻了区块链节点的负载压力。但是该方案存在缺陷和不足,首先是安全性上,节点的可靠性只减不增,那么新加入的节点都有最高的可靠性,若加入的多个节点被非法者控制,那么其数据也许会分片存储在这几个新加入的节点上,容易造成数据遗失等现象。其次是在扩展性上,相对于原存储方式其扩展性有很大增强,但是数据仍然是存储在区块链上,区块同步过程中会伴随大量数据的同步,造成空间资源浪费。

(八)访问控制协议与PPSPC协议

访问控制协议的目的是只有通过权限验证的合法用户才能具有访问资格,而未能通过的用户被拒绝访问。在访问者对数据发出访问请求时,需要根据其访问权限等级来判断其能访问普通数据还是隐私数据,同时,电力系统中还存在各种安全威胁,在访问控制过程中还需要对访问者的身份和属性信息进行保密。

现有的访问控制方案中,利用单项函数的层次访问控制策略直观且高效,但是其应用场景领域较窄,安全性较低。基于公钥密码系统的方案,其安全性较高但是其存储成本高并且计算复杂度高。文访问控制方案均是基于ABE,特点是支持细粒度的访问控制,但是都存在计算成本高的缺点。从不同角度设计、无可信第三方的PPSPC协议,这些协议大多依赖于同态加密,但是同态加密耗时性高,效率低。对于以上方案的不足,基于可信计算,将向量点积应用于医疗设备节点实现访问控制,以医疗领域为例实现了不同程度的访问控制,效率较高。

二、边缘计算

随着5G网络建设进程的不断加快,智能电网(smart grid)概念的落地,电力行业对移动终端的需求也在快速增长。移动终端数量大、种类多、接入方式多变且接入环境复杂,因此给电力行业的信息安全性带来了很大挑战。一方面,由于电力多应用在恶劣或无人环境,巡检等环节依赖智能巡检机器人等设备,但随着设备的增多,传输数据量也不断增加,将导致云端收发和处理数据时延增长,不能及时发现安全隐患。另一方面,终端与电力系统的通信方式多为无线通信技术,这种开放性的数据传输方式在带来便利的同时,也带来了机密信息被窃取和非法接入等威胁。相比于2G、3G以及4G,5G网络拥有更大的容量、更低的时延以及更快的速度,其灵活性和可扩展性也意味着5G可以提供更高和更多层次的安全机制。因此,如何在5G环境下保证电力终端及时且安全地接入内网并进行信息传送成了亟待解决的问题。边缘计算(edge computing)是云计算的一种,但不同于云计算的集中式,它将存储和计算等能力推进到靠近数据源头的一侧,实现快速的本地数据分析能力,因此边缘计算是一种分布式的计算方式。

这种方式不仅能减少数据传输的次数,降低网络带宽压力,还能提高数据处理效率和安全性。因此边缘计算在电网这种需要低时延、高可靠、多连接、强安全以及异构汇聚特点的场景具有非常突出的优势。在智能电网发展之初,物联网和云计算(cloud computing)技术被集成到系统中,彻底改变了其运行方式,云计算提供了可扩展且不受限制的计算资源和网络资源,从而实现智能电网数据的高效分析。

但是,伴随着电网智能化发展,日趋庞大的传感通信网络、日益增长的节点类型和数量,在提升电力系统运行智能化和安全性的同时,也对系统提出了越来越高的要求,由于云数据中心的远程通信和拥塞的网络流量,基于中心化处理的云计算架构无法满足源源不断的电力数据对网络带宽和传输速度的要求,对于数据延迟至关重要的智能电网应用来说,中心化的云计算越来越难以满足需求。因此,人们提出了雾计算(fog computing)的概念,通过在中间设备上分配计算和网络资源来缓解对服务中心资源分配的压力,这些中间设备被称为雾计算节点(fog computing node)。和云计算的中心服务器相比,这些雾计算节点又被称为边缘计算节点,边缘计算节点需要承载更多的计算和网络通信功能,以降低对数据中心的存储需求和计算压力,从而削减网络通信成本,降低网络拥塞的可能性。但与此同时,由于数据存储和计算功能放在边缘计算节点进行,使得通过假冒边缘计算节点开展的攻击又带来新的安全威胁。

(一)电力终端的边缘云部署

1.云计算与边缘计算对比

在5G到来之前,数据的处理和决策大部分是集中在云端,终端只负责收集和回传信息。但随着终端数量的增多,海量数据爆炸式增长,传输负载急剧增加,云端计算能力初显不足,越来越难以满足实时性的要求。与传统的云计算不同,边缘计算将存储和计算等核心能力集成在终端侧,在多源异构数据处理、带宽负载、资源浪费、资源安全以及隐私保护等方面云计算与边缘计算各有优劣。

虽然在速度和安全等方面边缘计算略胜一筹,但边缘计算计算能力稍弱,不适合进行大规模的分析和决策,且信息是短期保存的,不适合用来存储一些需要长期调用的数据。因此,边缘计算可以看成是云计算的补充和延伸。使用云计算进行长周期非实时的大数据计算,使用边缘计算进行短周期快速响应的本地计算,二者互补,就能解决传统云计算"最后一公里"的问题。

对于电力场景这种垂直行业,信息的及时和安全传递是很重要的一环,而传统基于云的系统过于集中化和平台化,因此为了保证电力终端接入的实时性和安全性,需要着力于建立基于云边协同计算的电力系统构架。

2.边缘云部署

边缘计算将计算能力从云端下沉到数据源侧,在巡检机器人上集成数据存储、计算以及分析等能力。分离5G核心网的控制层和数据层,使得巡检机器人可以在本地处理大部分数据,只需将特殊节点(如故障点)的数据信息传送回云端,避免了海量信息同时传送造成的阻塞。云端作为大数据中心,通过终端回传的数据不断更新模型下沉到终端里,电网与终端整体构成了一个分布式的端云协同计算部署,云端可以处理汇总的数据并给出决策模型,终端可以在数据源一侧快速响应环境的变化,非常适合电力这种对速度和安全有需求的领域。

(二)安全可信接入

终端提供存储、计算以及网络连接等功能的同时,其安全问题也日益突出。安全可信接入是指终端设备能够安全地接入内网中,抵御路径上的恶意攻击并进行信息交互。由于终端设备数量众多、类型多样且接入方式灵活,而且一般采用无线通信技术进行传输,终端与网络接口属于开放性接口,因此很容易被攻击,造成数据泄露和信息盗取等危害。因此,需要完善和改进接入的认证方案,保证终端设备能够安全的接入内网。

成立于2003年的可信计算组织TCG致力于通过硬件自下向上的实现信任计算和安全接入。除了保证终端计算环境的可信,还要扩展到网络,建设可信的网络计算环境。可信网络连接TNC以终端为出发点,提出将可信计算机制引入网络,使网络成为可信的计算环境。这从理论上和技术上都十分满足解决网络可信问题的需求。

(三)电力终端安全可信部署

在电力场景下,接入终端设备数量巨大,且不断有终端接入或断开连接。在电力终端接入过程中,终端、传输通道以及应用系统都有可能会带来安全隐患。电力企业中应用较为广泛的终端,如巡检机器人和PDA等,便于在恶劣环境下进行监控,但在物理、系统以及存储等方面都面临着威胁。如已经接入内网的终端一旦丢失或被入侵,很容易泄露机密数据,为电力企业带来重大损失。在传输过程中,终端和内网要进行大量的信息交互,同时由于移动终端的特点,交互方式多采用无线通信技术。但这种方式开放性高,传输通道可能被破坏,数据信息可能被窃听和截获。此外,应用系统的安全性也很重要,在通信过程中要保证实时监控,防止账户被窃取导致信息暴露。为了满足这些接入要求,在终端安全可信接入技术上引入移动边缘计算技术,将计算能力下沉到本地,解决终端的身份认证问题,在电力系统中实现终端的高可靠和高安全接入。

在终端侧集成终端接入管理装置。该装置可以控制终端的身份管理、接入权限以及接入方式等,并与云端数据中心协同,在终端设备侧完成身份验证和连接等程序,及时响应终端请求,并将风险限制在可控范围内。

电力终端安全可信接入是一种基于用户行为的电力终端安全可信接入方法,除了验证身份和平台完整性外,还会实时地收集用户行为信息,间隔性地查验判断用户身份和行为,一旦发现异常,立刻切断与终端的连接,从而保证系统的实时安全和可靠性。

随着5G网络和智能电网的建设,无线终端设备被广泛应用。为了解决海量设备接入带来的速度、时延以及安全等方面的问题,本书提出了一种针对电力终端设备的计算部署和接入构架。将边缘计算引入到传统的云中心计算模式,结合电力终端介绍了一种面向电力业务的低时延、高可靠、多连接、强安全以及结构汇聚的云边协同计算部署框架,将可信计算机制引入网络,利用边缘计算的特点在终端侧验证身份,保障了终端接入的安全性,进而提高了整个系统的安全性。虽然5G建设还在起步阶段,并不能完全体现该构架的特点,如低时延等,但相信随着5G技术的不断成熟,该技术能更加精确、快速以及安全地处理海量终端设备的数据,实现安全可信接入。

第四节　5G发展下的智能电网信息安全

伴随着我国智能电网信息通信业和信息网络技术的快速发展,人们也将很快步入"万物互联"的5G通信时代。与之前的3G、4G移动网络接入相比,5G移动通信设备网络将有机会拥有更快的移动信息数据传输速率、更短的移动网络数据响应时延、更大的移动网络接口、传输数据带宽以及更多的移动终端通信设备网络接入。显然,5G已经逐渐发展成为当前支撑智能电网新经济时代中国数字化实体经济快速发展的一项关键技术。随着目前5G系统网络安全应用的不断推广落地和深入,可能会带来更加复杂的网络安全保障问题,这也将成为未来5G网络发展的关键。

一、5G控制技术功能简介

(一)大规模的MIMO控制技术

对于现在很多大型规模的输入以及输出控制管理系统,不仅能够在一定程度上输入网络通道信号的宽度,还可以不断地加强使用的强度。对于很多网络基站设备的天线管理配置,实际很多基站设备之间的各个信号通道都能够具有良好的天线转换特性,另外还可以在一定程度上很好的实现各个信道的相互复用的功能。从现在的网络应用上进行分析,很多大规模应用多输入多输出网络技术,不仅能够在一定程度上实现移动通信网络信息的实时传输,而且还可以在一定程度上提升通信信息的实时传输速度,进而提升移动通信信息系统的网络容量。对于灵活的通信网络模型框架,主要是以企业移动通信系统网络为主要的基础模型,这样不仅能够满足高速度以及短距离之间的通信技术要求,还能够更好满足当前对于网络信息的发展。

(二)全双工收发技术

全双工收发技术与其他传统的收发技术设备相比,最大的技术优势就是它们能够充分利用相同的信号频谱,同时能够实现两个收发系统双发的数据信息实时传输交互,在大大降低收发系统信息响应时延的同时,有效地提升频谱的利用率。它不仅能够有效突破传统频率资源使用上的限制,而且还可以更加灵活、方便地管理使用各种频谱管理资源。

(三)D2D技术

5G通信技术用户端与终端网络直通,这样的技术直通是更好完善手机用户以及终端网络通信之间的一个重要的关键核心技术。与其他传统的无线通信技术进行对比,D2D技术不仅可以更好地利用通信技术用户进行基站之间的网络传输,而且可以更好实现与用户终端设备之间网络通信联系。伴随着科技经济的不断发展,多媒体行业的发展也有了重大的变化,通常情况下主要以虚拟基站网络为处理中心的复杂网络处理架构,已经很难承载面对海量网络用户的各种复杂业务处理需求。所以,两个对等用户节点之间的通信技术也更好的弥补了之前可能存在的漏洞。通常情况下还可以更好实现数据传输的高效率以及降低传输的时间和降低系统功能的损耗,在这样的情况下还可以更好地灵活使用网络架构以及改善网络覆盖问题,这将会广泛地应用到未来的短距离高速通信业务场景。

二、5G时代所面临的智能电网信息安全问题

(一)各类网络攻击风险

实际上网络攻击风险更大,各类网络攻击一直都是随我国智能电网的快速发展而不断更新,5G技术的快速发展,虽然为网络用户自身提供了更快、更大和高容量的网络服务,但是庞大的各类网络攻击系统,必然会同时存在各类网络攻击风险现象。

(二)智能电网环境下用户数据保护问题

未来网络时代最大的安全问题,就是用户个人数据到企业数据过程中的安全泄露问题。在智能电网中,5G传输技术相比于4G传输技术,传输数据的速度更快,个人网络数据极易被网络获取,但难以被网络追踪,因此可能会使得5G的网络数据保护者和工作人员面临着更大的技术挑战。5G安全网络在运行应用时,用户通常会与大量的其他用户之间进行不可访问性的链接,连接的用户数量变得越多,安全性的风险就变得越大,导致用户个人的商业隐私和机密数据更容易被他人盗取。

三、优化5G安全时代智能电网信息安全的具体解决对策

(一)构建一体化的5G智能电网信息安全防护体系

对于现在网络空间面临的很多网络安全问题,很多情况下都存在着很多组织化、高水平黑客的网络攻击,严重威胁了网络应用群体。如ATP攻击,通过智能电网网络安全竞争为主要背景,在高成本的支持下,有组织、有计划进行攻击,并且对于攻击的主要对象是关于关键信息基础设备以及重要信息系统,实际上对于这样的攻击要比传统的单点攻击更加难以抵抗,并且危害性较大,尤其是在5G万物互联的基础上。为了能够进一步更好地做好5G安全动态防护管理工作,需要通过不断的研究深化,加强各种安全防护措施管理机制。另外,还需要快速研究建立一个安全保障能力的体系,完善5G动态智能电网网络信息安全资源共享防护联动机制,从而实现结合面与覆盖面一体化的防护管理安全体系。

(二)如何提高智能电网用户数据与个人信息的安全隐私性

如今,我们已经基本上迈入5G时代,所以在进行数字化信息处理的过程中,能够明显发现5G给人们的生活提供了很多便捷之处。对于大数据

经济时代背景下的人们,基本上已经习惯性将数据信息直接传入到互联网上,在有需要的情况下数据可以被更多的人发现并进行使用。那么在这样的情况下,需要对网上很多数据无线传输加强隐私性与安全性防护,因为在无线网络数据传输的过程中,很有可能会收到其他恶意非法篡改数据的情况,从而会直接给一个企业或者对一个人带来巨大的影响,严重的情况之下可能对整个国家产生巨大危害。所以对于用户数据以及个人隐私信息需要不断给人们提高安全性意识,在使用或者是涉及其他信息安全数据的时候,要能够从多方面安全问题进行考虑,防止不必要的非法恶意数据入侵。

(三)切实做好新的网络风险事件应急处理预案

为了能够更加有效地解决5G时代智能电网信息安全所面临的问题,尤其是关于网络安全与个人信息泄露的问题,需要做好网络风险事件处理应急方法,这是一项重要的内容。另外,要充分考虑有关社会风险影响的安全信息问题,对于这样的安全网络数据,要能够做好及时的管理预案,这样才能够在一定的基础之上避免不必要的问题出现,也是为了能够更好地防止国际网络安全信息重大问题再次发生。

(四)5G时代智能电网信息安全数据防护系统保障设施认证管理

为了能够进一步加强保护5G时代智能电网信息安全数据防护系统,就需要更好地完善我国网络安全基本配套设施,因为只有在基础配套设施保障的前提之下,才能够让人们更好地进行武器安全网络的使用。建立统一完整的网络安全系统认证管理机制,实际上对于智能电网5G网络安全来说是一个重要的安全保障。所以需要进一步加快对5G安全网络信息管理系统建立标准化管理体系,如需要对5G安全防护系统的自主研发进行分层次标准制定与研究,这样才能够更好进行体系上的管理。从具体的情况来说,需要根据当前的政治任务加快构建统一的全国性安全网络等级认证管理体系,从而才能够更好提升队伍网络安全认证管理,在一定的基础之上,让人们可以放心使用5G安全网络。

(五)着力打造多方共同参与有效协同的智能电网信息安全综合治理创新格局

5G安全技术被使用到各个行业领域之中,并不断加强深入使用,在一定程度上突破了我国经济各个领域的安全边界。另外在网络安全与现在的科学技术发展等多个领域,都存在很多安全防范治理的问题。为了能够进行有机的结合,就需要不断加强安全风险防范能力。为了能够更好进行行业网络问题的管理,就需要不断地继续进行安全风险以及跨行业网络评估,从而提升评估结果的转化及其运用。另外还需要结合行业领域的垂直特点,开展关于行业内相关的安全知识研究,进一步充分发挥标准统一化管理的安全体系,并要求企业与行业以及机构之间能够相互合作,共同促进,明确各自的安全治理责任,从而开启对安全管理防治措施的新局面。总而言之,伴随着5G新技术的快速发展和广泛应用,新的安全管理机制势必也将逐步建立起来,并完全取代当前企业传统的安全管理机制,从而可以在很大程度上帮助增强5G企业网络的安全数据防护管理能力,为人们未来的生活带来更多的便利。

参考文献
REFERENCES

[1]车葵,邢书涛,牛晓太.基于XML的数字签名技术研究与实现[J].计算机工程与设计,2008,29(23):171-174.

[2]陈金波.大智能电网用电信息安全防护技术的研究[D].福州:福建工程学院,2022.

[3]陈克通.关于5G网络安全问题的分析及展望探讨[J].网络安全技术与应用,2018(8):69-70.

[4]陈懋.面向智能电网的信息安全技术展望[J].信息化建设,2016(5):100.

[5]陈思光,杨熠,黄黎明,等.基于雾计算的智能电网安全与隐私保护数据聚合研究[J].南京邮电大学学报(自然科学版),2019,39(6):62-72.

[6]陈涛,王旭.智能电网信息安全风险分析与思考[J].电力信息化,2013(12):97-100.

[7]程杰,尚智婕,胡威,等.智能电网信息系统安全隐患及应对策略[J].电气应用,2020,39(4):99-102.

[8]程振声.有线通信网络安全的发展及未来前景[J].中文科技期刊数据库(全文版)工程技术,2021(7):121-123.

[9]丁冠军,樊邦奎,兰海滨,等.智能电网信息安全威胁及防御策略研究[J].电力信息与通信技术,2014(5):58-63.

[10]杜健.智能电网中无线通信技术的应用分析[J].新型工业化,2020,10(10):15-16.

[11]方嘉祥.智能电网信息安全及新技术研究综述[D].洛阳:河南科技大学,2022.

[12]福罗赞.密码学与网络安全[M].北京:清华大学出版社,2009.

[13]郭亚涛.我国智能电网发展现状与趋势[J].建筑工程技术与设计,

2019 (32) :115-117.

[14]郜盼盼.智能电网系统中面向用电信息安全防护的认证加密系统研究[D].北京:北京邮电大学,2013.

[15]蒋诚智,张涛,余勇.基于等级保护的智能电网信息安全防护模型研究[J].计算机与现代化,2013 (4) :35-36.

[16]卡塞勒.电力线通信技术与实践[M].北京:机械工业出版社,2011.

[17]李刚,唐正鑫,李纪锋,等.智能电网安全态势感知与组合预测 [J] .电力信息与通信技术,2016, 14 (11) :1-7.

[18]李苹.智能电网发展背景下无线通信技术分析[J].无线互联科技,2021, 18 (10) :9-10.

[19]李雪,李雯婷,杜大军,等.拒绝服务攻击下基于UKF的智能电网动态状态估计研究[J].自动化学报,2019, 45 (001) :120-131.

[20]刘金长,等.面向智能电网的信息安全防护体系建设[J].电子信息化,2010, 8 (9) :29-30.

[21]刘全,翟建伟,章宗长,等.深度强化学习综述 [J] .计算机学报,2018, 41 (1) :1-27.

[22]卢庆,文卫疆,陈新.大数据技术支持下的网络安全态势感知技术探究[J].网络安全技术与应用,2018 (10) :63-64.

[23]陆英.防御供应链网络攻击的几种方法[J].计算机与网络,2021 (17) :101-102.

[24] 罗健菲,付东楠.计算机病毒疫情分析[J].信息网络安全,2019 (2) :85.

[25]吕杨.对企业网终端接入控制的研究和方案设计[D].北京邮电大学,2014.

[26]麻时明,陈积常,张扬.基于数据挖掘的网络入侵安全防护系统研究[J].无线互联科技,2018, 15 (22) :28-29.

[27]毛云强.5G无线通信技术与网络安全探讨[J].网络安全技术与应用,2019 (5) :60-61.

[28]穆芮.智能电网信息安全技术研究与应用[D].山东:山东大学,2013.

[29]曲伟,宋增祥,李莉.构建坚强智能电网模式下用电信息采集系统的发展趋势[J].中国高新技术企业,2015, (15) :139-140.

[30]谭玉顺,费树岷,刘金良.网络攻击环境下复杂网络系统的分布式混合触发状态估计[J].中国科学信息科学,2018,48(9):1198-1213.

[31]滕文静.智能电网安全建设重点[J].电力信息化,2010(12):27-29.

[32]王海青,乔弘,王海红.电力工程建设与智能电网[M].汕头:汕头大学出版社,2022.

[33]吴振铨,梁宇辉,康嘉文,等.基于联盟区块链的智能电网数据安全存储与共享系统[J].计算机应用,2017,37(10):42-47.

[34]谢飞,林文孝,都俊超,等.电力行业防火墙产品选型模型研究[J].电力信息化,2011(9):89-93.

[35]严彬元,刘俊荣,周琳妍.智能电网信息安全与网络结构优化路径[J].网络安全技术与应用,2020(11):131-132.

[36]杨洪玖,徐豪,张金会.不完全信息拒绝服务攻击下基于预测控制的信息物理系统稳定性分析[J].信息与控制,2018,47(1):75-80.

[37]杨鸿深.智能电网信息安全面临的挑战与应对实践[J].中国新技术与新产品,2011(20):8.

[38]杨正和.智能电网用户侧信息安全问题研究[D].江苏:东南大学,2016.

[39]余勇,林为民.电力行业信息系统等级保护的研究及实施[J].信息网络安全,2009(12):29-31.

[40]虞业泺.智能电网信息安全与网络结构优化研究[J].系统安全,2011(1):53+55.

[41]曾鸣,李红林,薛松,等.系统安全背景下未来智能电网建设关键技术发展方向[J].中国电机工程学报,2012,32(25):177-178.

[42]曾鸣,李娜,董军,等.基于大安全观的电网运行管理关键技术[J].电力系统自动化,2012,36(16):1-5.

[43]张磊.智能电网中用户信息的隐私保护研究[D].黑龙江:哈尔滨工程大学,2019.

[44]赵尚儒,李学俊,方越,等.安全漏洞自动利用综述[J].计算机研究与发展,2019,56(10):110-111.

[45]赵栩杨,卜旭辉,余威,等.拒绝服务攻击下的MIMO非线性系统无模型自58全日制工程硕士学位论文适应控制[J].控制理论与应用,2021.

[46]周静,孙媛媛,胡紫巍,等.智能电网信息通信架构演进探讨[J].中

国电力, 2018 (3) :78-80.

[47]周泰来, 吴美微. 勒索病毒当头棒喝[J]. 财新周刊, 2017 (20) :89-90.